2022 유튜버 챕스랜드의 **합격 보장** 실전 **모의고사**

소방안전관리자 2급

찐 스포일러 문제집

- 완벽 재현된 모의고사로 최종 점검
- OMR카드로 실전 연습
- 문제 반복과 상세한 해설로 시험 완벽 대비
- 단원별 예상 출제 비중 반영
- 기본 이론 저자직강 무료강의 제공
- 챕스랜드 네이버카페 피드백 제공

2
회분

서채빈 편저

2022 최신판 | 개념편 전강좌 무료제공

✏️ VIP 등업 카페 닉네임 작성란

PREFACE

챕스랜드 소방안전관리자 2급 찐 스포일러 문제집

[소방안전관리자 찐정리] 이론서 출간 이후, 카페와 유튜브를 통해 셀 수 없이 많은 합격자분들의 합격 후기와 감사 인사를 받았다.

늦은 나이에 새로운 시작을 하셨다는 합격자분, 3수 끝에 찐정리를 추천받아 드디어 합격했다는 합격자분, 당당히 합격해서 월급이 올랐다는 합격자분까지 다양한 환경에서 저마다의 사연으로 정성스레 들려주신 합격 후기를 접할 때면 그 모든 분들의 기쁨과 행복, 희열이 전해져 하루의 피로도 잊고, 때로는 과분할 정도로 감사한 마음에 눈물이 그렁해지기도 했다.

그러나 한편으로는, 갈수록 높아지는 시험 난이도에 하염없이 지문만 읽다가 시간 배분을 잘 못해서 한두 문제 차이로 불합격했다며 초조함에 스스로를 책망하는 예비합격자분들의 모습을 보며 내가 다 억울하고 마음이 아팠다.

그래서 전국 지부 **합격자 데이터**를 모아 고난도 시험에 대비하고, 실제 시험 경험을 토대로 **단원별 출제 비중**을 고려해 기출예상문제를 배치했다. 갈수록 길고 복잡해지는 지문과, 복합 지문 속 다중 답안 찾기 등 똑같은 개념이지만 문제풀이 자체가 어려워지는 문제 형식을 묶어 예행연습할 수 있도록 꾸렸고, 거기에 **OMR 카드**를 활용해 실제 시험과 같이 답안지 마킹에 소요되는 시간까지 계산할 수 있도록 보다 완벽한 모의고사 대비 문제집을 준비했다.

스포일러(Spoiler)란, 영화나 드라마 등 어떤 작품을 아직 보지 않은 사람에게 결말을 미리 알려 재미를 떨어뜨리는 사람 혹은 그러한 행위를 의미한다. 이처럼 시험에 너무나 완벽하게 대비해서 실제 시험이 오히려 시시하게 느껴지길 바라는 마음을 담았다.

지피지기면 백전백승이다(知彼知己百戰百勝).

불합격은 없다. 포기하지 않는 한 우리 모두는 '예비'합격자다.

저자 **서채빈**

POINT

챕스랜드 소방안전관리자 2급 찐 스포일러 문제집

1 실제 전지부 시험 합격자 데이터를 기반으로 최신유형의 고난도 기출예상문제를 담았습니다.

2 시험 경험을 토대로 단원별 출제 비중에 맞춰 설계했습니다.

3 OMR 카드가 수록되어 있어 답안지 마킹 시간까지 체크할 수 있습니다.

4 정답과 오답에 해당하는 모든 해설이 담겨 있어 답안 확인과 동시에 복습까지 2배의 공부 효과를 볼 수 있습니다.

5 〈찐정리〉 이론서 및 유튜브 강의를 통해 무료로 전강의 학습이 가능합니다.

6 네이버 카페를 통해 질문과 피드백이 가능합니다.

G U I D E

챕스랜드 소방안전관리자 2급 찐 스포일러 문제집

1 응시자격

응시자격	1급, 2급, 3급까지의 소방안전관리자는 [한국소방안전원]의 강습을 수료한 사람이라면 누구나 시험 응시가 가능합니다. 다만 관련 학력 또는 경력 인정자에 한하여 바로 시험에 응시할 수도 있는데 이에 해당하는 자격 조건은 한국소방안전원에 명시된 사항을 통해 확인하실 수 있습니다.

2 시험 절차

구분		내용
취득절차	3급	한국소방안전원 강습 3일(24시간) → 응시접수 → 필기시험 → 합격 → 자격증 발급
	2급	한국소방안전원 강습 4일(32시간) → 응시접수 → 필기시험 → 합격 → 자격증 발급
한국소방안전원 강습	3급	8시간씩 3일간(총 24시간) 수강
	2급	8시간씩 4일간(총 32시간) 수강
	• 전국 각 지사에서 매월 진행 • 지역(지부)별 강습 및 시험 일정 : 한국소방안전원 홈페이지 '강습교육 신청' 참고	
응시 접수	한국소방안전원 홈페이지 및 시두지부 방문 접수	

※ 응시수수료 및 시험 일정은 한국소방안전원 홈페이지를 참고해주세요(www.kfsi.or.kr).

3 시험 안내

시험과목	문항 수	시험 방법	시험 시간	합격 기준
1과목	25	객관식 4지 선다형 1문제 4점	1시간(60분)	전 과목 평균 70점 이상
2과목	25			

4 합격자 발표

합격자 발표	가. 시험 당일 합격 통보 나. 만약 불합격하더라도 강습을 수료한 상태라면 재시험이 가능하기에 4일간의 강습을 수료하는 것이 중요합니다.

CONTENTS

챕스랜드 소방안전관리자 2급 찐 스포일러 문제집

PART 1 모의고사

- 모의고사 1회   8
- 모의고사 2회   26

PART 2 해설집

- 해설집 1회   44
- 해설집 2회   68

찐 스포일러 봉투모의고사

소방안전관리자 2급

모의고사 1회

모의고사 1회

소방안전관리자 2급 찐 스포일러 봉투모의고사

01

다음 〈보기〉의 내용이 무엇에 대한 설명인지 고르시오.

> 〈보기〉
> - 화재 진압 및 위급상황 발생 시 구조 및 구급활동을 하기 위해 결성된 조직체를 말한다.
> - 소방공무원, 의무소방원, 의용소방대원이 포함된다.

① 소방대장
② 소방대원
③ 소방대
④ 자위소방대

02

다음 중 각 소방용어에 대한 설명으로 옳지 않은 것을 고르시오

① 소방시설을 설치하도록 소방대장령으로 정한 소방대상물을 특정소방대상물이라고 한다.
② 소방대상물에는 건축물, 차량, 항구에 매어둔 선박 등이 포함된다.
③ 소방대상물의 점유자, 관리자, 소유자는 관계인이다.
④ 대통령령으로 정한 소화설비, 소화활동설비, 경보설비 등을 소방시설이라고 부른다.

03

한국소방안전원의 설립목적과 업무에 대한 설명으로 옳은 기호만을 모두 고른 것은?

기호	설립목적	업무
ㄱ	소방 종사자의 기술 향상	전국민 대상으로 기술 지원
ㄴ	소방 및 안전관리 기술의 홍보	간행물 발간
ㄷ	행정기관의 위탁업무 수행	행정기관의 국민안전에 관한 위탁업무 수행
ㄹ	소방 및 안전관리 기술의 향상	소방안전에 관한 국제협력
ㅁ	소방 기술 및 시설의 개편, 설립	소방기술, 안전관리 교육 및 연구, 조사

① ㄱ, ㄷ
② ㄴ, ㄹ
③ ㄴ, ㄹ, ㅁ
④ ㄱ, ㄴ, ㄷ, ㄹ, ㅁ

04

소방안전관리 업무의 대행에 관한 설명으로 옳지 않은 것을 고르시오.

① 특급소방안전관리대상물의 소방시설 유지관리 업무는 대행할 수 없다.
② 아파트를 제외한 1급소방안전관리대상물 중 연면적 15,000m² 미만, 11층 이상이면 방화시설 유지관리 업무의 대행이 가능하다.
③ 관계인은 업무대행을 맡은 자를 감독하는 소방안전관리자를 선임할 수 있다.
④ 2급, 3급소방대상물은 소방훈련 및 교육 업무대행이 가능한 소방안전관리대상물이다.

05

다음은 특정소방대상물의 구분을 나타낸 표이다. (㉠)부터 (㉣)에 해당하는 급수를 순서대로 나열하시오.

구분	내용
(㉠)급 소방안전 관리대상물	• 지하를 제외하고 50층 이상 또는 높이 200m 이상의 아파트 • 연면적 20만m² 이상의 특정소방대상물(아파트 제외)
(㉡)급 소방안전 관리대상물	• 옥내소화전설비, 스프링클러설비, 간이스프링클러설비, 물분무등소화설비를 설치한 특정소방대상물 • 지하구 등
(㉢)급 소방안전 관리대상물	• 상위 급수에 해당하지 않는 것 중, 자동화재탐지설비를 설치하는 소방대상물
(㉣)급 소방안전 관리대상물	• 지하를 제외하고 30층 이상 또는 높이 120m 이상의 아파트 • 1,000톤 이상의 가연성 가스를 취급·저장하는 시설 • 아파트를 제외하고 연면적 15,000m² 이상의 특정소방대상물

① 특 - 1 - 2 - 3
② 특 - 1 - 3 - 2
③ 특 - 2 - 3 - 1
④ 특 - 2 - 1 - 3

06

소방안전관리자 선임자격에 대한 기준으로 옳은 설명을 고르시오.

① 소방공무원으로 10년 이상 근무한 경력이 있는 자는 특급소방안전관리자로 바로 선임이 가능하다.
② 소방설비기사 또는 소방설비산업기사 자격을 보유한 자는 1급소방안전관리자 시험 응시 자격만 주어진다.
③ 의용소방대원 또는 경찰공무원으로 근무한 경력이 3년 이상인 자는 2급소방안전관리자로 바로 선임이 가능하다.
④ 소방공무원으로 근무한 경력이 1년 이상인 자는 3급소방안전관리자로 바로 선임이 가능하다.

07

소방안전관리자 및 소방안전관리보조자 선임에 대한 설명으로 옳지 않은 것은?

① 특급과 1급소방안전관리자는 선임 신청 연기가 가능하다.
② 증축 또는 용도변경으로 소방안전관리대상물로 지정된 경우 증축완공일 또는 건축물관리대장에 용도변경 사실을 기재한 날로부터 30일 내에 소방안전관리자를 선임해야 한다.
③ 소방안전관리 업무대행 감독을 위한 소방안전관리자를 선임하고 그 계약이 종료된 경우 업무대행이 끝난 날이 선임 기준일이 된다.
④ 소방안전관리자 및 보조자를 선임한 후 14일 내에 소방서장에게 신고해야 한다.

08

제시된 표를 보고 '챕스빌딩'의 다음 점검과 시행 날짜로 가장 타당한 것을 고르시오.

챕스빌딩
• 용도 : 다중이용업소
• 스프링클러설비 설치
• 연면적 : 2,500m²
• 완공일 : 2020년 10월 5일
• 사용승인일 : 2020년 11월 7일
• 최근 점검 기록 : 2021년 11월 10일 완료

① 종합정밀점검 : 2022년 5월
② 종합정밀점검 : 2022년 4월
③ 작동기능점검 : 2022년 5월
④ 작동기능점검 : 2022년 4월

09~10

다음의 표를 참고하여 문제에 답하시오.

기호	내용	벌칙
①	불이 나거나 화재 번짐의 우려가 있는 소방대상물이나 토지에 내려진 강제처분을 따르지 않는 자에게 부과하는 벌칙이다.	㉠
②	소방시설등에 대한 자체점검을 실시하지 않았을 때 부과하는 벌칙이다.	㉡
③	소방안전관리자를 선임하지 않았을 때 부과하는 벌칙이다.	㉢
④	소방차 출동에 지장을 주거나 소방활동 구역에 출입한 자에게 부과하는 벌칙이다.	㉣

09

위 표의 각 내용에 해당하는 벌금 및 과태료의 액수로 옳지 않은 것은?
① 5천만 원 이하
② 1천만 원 이하
③ 300만 원 이하
④ 200만 원 이하

10

다음 중 위 표에서 양벌규정이 부과되지 않는 벌칙을 고르시오.
① ㉠
② ㉡
③ ㉢
④ ㉣

11

소방특별조사에 대한 설명으로 옳은 것을 고르시오.
① 대통령령으로 관할지역 내 소방대상물을 대상으로 재난 및 재해 발생 가능성 등을 확인하기 위해 이루어지는 조사이다.
② 개인의 주거형태는 관계인이 승낙하거나 화재발생 우려가 뚜렷하여 긴급하게 조사가 필요한 경우에만 가능하다.
③ 소방특별조사 결과 내려진 조치명령을 이행하지 않을 시 시,군,구 행정기관 내 게시판에 위반사실을 공개하는 처벌이 부과된다.
④ 소방특별조사를 위한 합동조사반에 협조하는 업무는 한국소방안전원의 업무에 포함되지 않는다.

12

피난·방화시설의 유지 및 관리 업무를 바르게 시행하고 있는 사람을 고르시오.

① 예찬 : 외부인의 방화 가능성을 최소화하기 위해 계단에 철책을 설치했다.
② 힘찬 : 입주민의 원활한 이동을 위해 방화문에 고임장치를 설치했다.
③ 솔찬 : 정신병동에서 방화문에 잠금장치를 사용하는 대신 비상 시 자동 개방되는 자동개폐장치를 설치했다.
④ 경찬 : 사고를 방지하기 위해 비상구에 잠금장치를 설치했다.

13

단독주택 및 공동주택에 반드시 설치해야 하는 소방시설로 옳게 짝지어진 것은?

① 소화기, 간이소화용구
② 소화기, 옥내소화전설비
③ 소화기, 스프링클러설비
④ 소화기, 단독경보형감지기

14

다음 중 점화원이 될 수 있는 것을 모두 고른 것은?

㉠ 낙뢰	㉡ 마찰
㉢ 나뭇가지	㉣ 이산화탄소
㉤ 정전기	㉥ 나화

① ㉠, ㉡, ㉣, ㉤
② ㉠, ㉡, ㉤, ㉥
③ ㉡, ㉢, ㉤, ㉥
④ ㉡, ㉣, ㉤, ㉥

15

다음 중 정전기 예방 대책으로 옳은 것은?

① 접합시설을 설치한다.
② 비전도체 물질을 사용한다.
③ 공기를 이온화한다.
④ 습도를 50% 이상으로 유지한다.

16

다음 중 가연물질의 구비조건으로 옳지 않은 것은?

① 조연성가스와 친화력이 낮다.
② 산소와 결합 시 발열량이 크다.
③ 열전도율이 작다.
④ 활성화에너지 값이 작다.

17

다음의 설명에 가장 부합하는 것을 고르시오.

〈보기〉
- 가연물이 될 수 없다.
- 불활성기체로 산소와 결합하지 못한다.

① 질소, 질소산화물
② 헬륨, 네온, 아르곤
③ 물, 이산화탄소
④ 일산화탄소

18

등유에 대한 설명으로 옳은 것을 고르시오.
① 등유는 약 39°에서 인화점에 도달한다.
② 등유의 연소점은 인화점보다 약 10° 정도 낮다.
③ 등유의 발화점은 약 120° 정도이다.
④ 등유가 발화점에 도달했을 때 점화원에 의해 불이 붙는다.

19

다음 중 제거소화에 해당하는 사례로 보기 어려운 것은?
① 산불 진행방향에 있는 나무를 베어 없앤다.
② 촛불을 불어서 끈다.
③ 가연물에 물을 뿌려 착화온도 이하로 내린다.
④ 가스밸브를 잠근다.

20

연기가 인체에 미치는 영향이 아닌 것은?
① 시야를 감퇴하여 피난 및 소화활동에 방해가 된다.
② 정신적인 긴장이나 패닉상태에 빠져 2차 재해의 우려가 있다.
③ 건축재료 등에 쓰이는 폴리스티렌(스티로폼) 등은 벤젠이라는 가스를 생성한다.
④ 이산화탄소는 포스겐을 생성하며 산소의 운반기능을 저해한다.

21

다음 중 전기화재의 원인이 될 수 있는 것은?
① 누전차단기를 설치했다.
② 고무코드 전선을 사용했다.
③ 전선에 단선이 생겼다.
④ 과전류가 발생했다.

22

다음은 위험물에 대한 설명이다. 〈보기〉의 빈 칸에 들어갈 말로 옳은 것만을 고르시오.

〈보기〉
_____ 또는 _____을 갖는 물품으로 대통령령으로 지정하여 일정수량 이상으로 제조하거나 취급 및 저장, 운반 시 허가를 받거나 안전관리 사항을 정해 사용에 규제를 두고 관리하는 물품을 위험물이라고 한다.

① 휘발성, 인화성
② 인화성, 발화성
③ 휘발성, 연소성
④ 인화성, 연소성

23

다음 각 위험물의 종류에 대한 설명으로 옳은 것을 고르시오.
① 제1류위험물은 산화성 고체로 가연물질의 산소 공급원이 될 수 있다.
② 제2류위험물은 고온착화의 위험성이 있다.
③ 제4류위험물은 자연발화가 가능하고 물과 반응하는 금수성 물질이다.
④ 제5류위험물은 물보다 가볍고 증기는 공기보다 가볍다.

24

제4류위험물의 성질로 옳은 것을 고르시오.
① 일부는 물과 접촉하면 발열을 일으킨다.
② 착화온도가 낮은 것은 위험하다.
③ 대부분 주수소화가 적응성이 있다.
④ 물과 혼합하면 가라앉는다.

25

다음은 LNG에 대한 설명이다. 빈 칸 A, B에 들어갈 말로 옳은 것을 순서대로 고르시오.

수평 이동 거리	___A___ m(미터)
탐지기 설치 위치	___B___

	(A)	(B)
①	4	탐지기 상단이 바닥으로부터 상방 30cm이내
②	4	탐지기 하단이 천장으로부터 하방 30cm이내
③	8	탐지기 상단이 바닥으로부터 상방 30cm이내
④	8	탐지기 하단이 천장으로부터 하방 30cm이내

26

응급처치의 중요성으로 보기 어려운 것을 고르시오.

① 환자의 고통을 경감하고 생명을 유지할 수 있도록 돕는다.
② 의료비를 절감하는 효과를 기대할 수 있다.
③ 환자의 질병을 예방할 수 있다.
④ 치료기간을 단축할 수 있다.

27

일반인 구조자의 소생술 흐름에서 빈 칸에 들어갈 말로 옳은 것을 고르시오.

> 1. 환자 발견(환자 반응 없음 확인)
> 2. 119에 신고 및 자동심장충격기 요청(준비)
> 3. 환자 상태 확인: _____(맥박 및 호흡 정상 여부 판별은 10초 이내)
> 4. 가슴압박 시행
> 5. 자동심장충격기 음성지시에 따라 사용
> 6. 자동심장충격기의 심장리듬분석 결과에 따라 심장충격 또는 가슴압박 반복하며 구조를 기다릴 것.

① 무호흡 또는 비정상호흡
② 무산소호흡 또는 개구호흡
③ 무호흡 또는 개구호흡
④ 유호흡 또는 단발적호흡

28

화상에 대한 설명으로 옳지 않은 것은?

① 표피화상은 부종, 홍반 등의 증상이 동반된다.
② 모세혈관이 손상되는 화상의 증상은 발적, 수포, 진물 등이 있다.
③ 부분층화상은 피하지방이 손상을 입는다.
④ 전층화상은 통증이 없다.

29

소방계획의 주요 원리에 대한 설명으로 옳지 않은 것은?

① 종합적 안전관리 단계에서 예방·대비, 대응, 복구 단계를 고려하여 위험성을 평가한다.
② 지속적 발전모델 단계에서는 계획, 운영, 개선의 PDA 사이클이 이루어진다.
③ 통합적 안전관리의 주내용에는 안전관리 네트워크의 구축이 포함된다.
④ 종합적 안전관리, 통합적 안전관리, 지속적 발전모델 등이 기본원리로 구성되어야 한다.

30

소방계획서 작성 시 고려해야 하는 사항으로 옳은 설명을 고르시오.

① 관계인이 모두 참여하여 개선조치 및 요구사항을 반영할 수 있도록 해야 한다.
② 계획우선의 원칙을 따라야 한다.
③ 작성 - 검토 - 승인의 균형화 단계를 거쳐야 한다.
④ 소방계획서는 1사분기에 당 해 소방계획을 수립한다.

31

다음 소방계획의 수립절차 단계 표를 참고하여 각 단계를 순서대로 나열하시오.

ㄱ	ㄴ	ㄷ	ㄹ
위험환경 분석	설계/개발	사전기획	시행/유지관리
위험요인을 파악하고 분석 및 평가를 통해 대책을 수립한다.	전체적인 소방계획의 목표 및 전략을 세워 실행 계획을 수립한다.	관계자들의 의견을 수렴하고 요구사항을 검토하는 등 준비하고 계획을 수립하는 단계.	검토를 거쳐 시행하고 유지관리하는 단계.

① ㄴ - ㄱ - ㄷ - ㄹ
② ㄴ - ㄷ - ㄱ - ㄹ
③ ㄷ - ㄱ - ㄴ - ㄹ
④ ㄷ - ㄴ - ㄱ - ㄹ

32

화재대응 및 피난행동 요령으로 옳지 않은 것을 고르시오.

① 화재로 인한 피난 시 엘리베이터는 절대로 이용하지 않는다.
② 화재 신고 시 소방기관의 확인이 완료되기 전까지 전화를 끊지 않도록 한다.
③ 화재전파 시 연기를 흡입하지 않도록 육성으로 전파하는 행동은 하지 않는다.
④ 화재 시 아래층으로 대피가 불가하다면 옥상으로 대피해야 한다.

33

자위소방대 및 초기대응체계 구성에 대한 내용으로 옳은 것을 고르시오.

① 지구대 구역(Zone) 설정 시 주차장, 공장, 강당 등은 별도의 구역으로 설정해야 한다.
② 초기대응체계는 응급상황 발생 시에만 일시적으로 운영한다.
③ 자위소방대 인력편성 시 각 팀별로 최소 편성 인원은 1명 이상으로 해야 한다.
④ 초기대응체계 편성 시 한명 이상은 수신반에 근무하며 지휘통제가 가능해야 한다.

34

다음 중 화재 시 일반적인 피난 행동으로 옳은 것만을 모두 고르시오.

> A. 유도등 및 유도표지가 가리키는 방향을 따라 대피한다.
> B. 청각장애인의 경우 손전등과 같은 조명을 적극 활용하는 것이 효과적이다.
> C. 계단 등의 대피로를 이용하기보다 피난구조설비를 우선 사용한다.
> D. 출입문을 열기 전, 문 손잡이가 뜨거우면 옷 소매 등으로 감싸 문을 연다.
> E. 탈출한 후에는 화재 발생 건물로 다시 출입하지 않는다.

① A, B, E
② A, C, D
③ A, B, D, E
④ A, E

35

소방교육 및 훈련의 실시원칙 중 동기부여의 원칙에 해당하지 않는 것을 고르시오.

① 적절한 스케줄을 고려하여 배정해야 한다.
② 한 번에 한 가지씩, 쉬운 것에서 어려운 것 순으로 교육한다.
③ 교육에 재미를 부여하고, 다양성을 활용하도록 한다.
④ 초기성공에 대해서 격려가 필요하다.

36

옥내소화전의 가압송수장치 중 자연낙차압을 이용하는 방식은 무엇인가?

① 압력수조방식
② 가압수조방식
③ 고가수조방식
④ 펌프방식

37

다음 그림에 대한 설명으로 옳은 것을 고르시오.

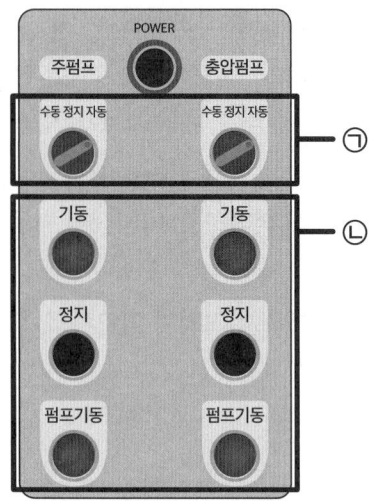

동력제어반 MCC

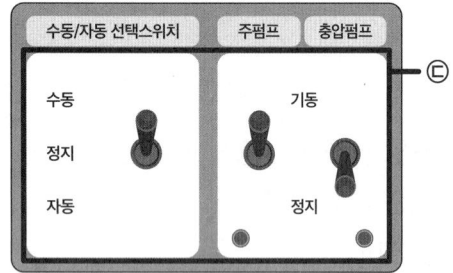

감시제어반(수신기)

① 평상 시 동력제어반의 선택스위치를 ㉠의 상태로 관리하는 것은 옳지 않다.
② 동력제어반의 ㉡ 점등 상태로 보아 화재 발생 시 펌프가 자동으로 기동되지 않을 것이다.
③ 수신기의 스위치 위치가 ㉢과 같다면 화재발생 시 충압펌프만 기동될 것이다.
④ 평상 시 ㉢의 상태로 관리하는 행위는 200만 원 이하의 과태료에 해당한다.

38

각 소화설비에 대한 설명 중 옳은 것을 고르시오.
① 옥내소화전설비의 적정 방수압력은 0.12Mpa 이상 0.7Mpa 이하이며 측정 시 피토게이지를 사용한다.
② 옥외소화전설비의 방수량은 350L/sec이다.
③ 할론 1301 소화기에는 지시압력계가 없다.
④ 폐쇄형스프링클러설비는 감열체가 없다.

39

스프링클러설비에 대한 설명으로 옳은 것을 고르시오.
① 습식스프링클러는 화재가 발생하면 경종 및 사이렌이 먼저 작동된다.
② 준비작동식스프링클러는 화재가 발생하면 가장 먼저 헤드가 개방되고 방수된다.
③ 건식스프링클러의 2차측 배관 내부는 가압수로 채워져있다.
④ 일제살수식스프링클러는 감지기를 별도로 설치해야 한다.

40

다음 중 준비작동식스프링클러 점검 시 A or B 감지기가 작동했을 때 확인 가능한 사항으로 옳은 것만을 모두 고르시오.

> ㄱ. 경종 및 사이렌 경보가 작동하는지 확인한다.
> ㄴ. 배수밸브에서 배수가 되는지 확인한다.
> ㄷ. 밸브개방등이 점등되는지 확인한다.
> ㄹ. 화재표시등과 지구표시등이 점등되는지 확인한다.
> ㅁ. 솔레노이드밸브가 작동하고 펌프가 자동으로 기동되는지 확인한다.

① ㄱ, ㄷ
② ㄱ, ㄹ
③ ㄱ, ㄴ, ㄷ, ㄹ
④ ㄱ, ㄷ, ㄹ, ㅁ

41

가스계 소화설비의 주요 구성으로 옳은 것을 모두 고르시오.

> ㄱ. 솔레노이드밸브
> ㄴ. 방출표시등
> ㄷ. 선택밸브
> ㄹ. 프리액션밸브
> ㅁ. 압력스위치
> ㅂ. 수동조작함

① ㄱ, ㄴ, ㄷ, ㅂ
② ㄱ, ㄴ, ㅁ, ㅂ
③ ㄱ, ㄴ, ㄷ, ㅁ, ㅂ
④ ㄱ, ㄴ, ㄷ, ㄹ, ㅁ, ㅂ

42

그림을 참고하여 해당 설비에 대한 설명으로 옳은 것을 고르시오.

〈그림〉

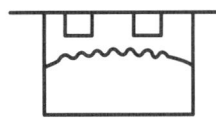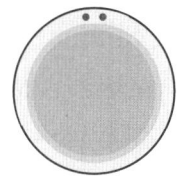

① 주방이나 보일러실에 적응성이 있다.
② 다이아프램, 리크구멍, 접점 등으로 이루어져있다.
③ 주변 온도가 일정온도 이상으로 상승하면 작동하는 원리이다.
④ 이온화식스포트형, 광전식스포트형으로 구분할 수 있다.

43

경계구역에 대한 설명으로 옳은 것만을 모두 고르시오.

> ⓐ 하나의 경계구역에는 2개 이상의 건축물을 포함할 수 없다.
> ⓑ 예외적으로 2개 층 면적의 합이 500m² 이하면 하나의 경계구역이 될 수 있다.
> ⓒ 출입구에서 내부 전체가 보이는 시설의 경계구역은 한 변의 길이를 70m 이하로 하고 1,000m² 이하로 설정할 수 있다.
> ⓓ 지하구는 면적 700m² 이하의 기준이 적용된다.

① ⓐ, ⓑ
② ⓐ, ⓓ
③ ⓐ, ⓑ, ⓓ
④ ⓐ, ⓑ, ⓒ, ⓓ

44

피난구조설비의 설치장소 및 기구별 적응성으로 옳지 않은 것을 고르시오.

① 다중이용업소의 4층 이하에서 피난트랩은 적응성이 없다.
② 의료시설 중 입원실이 있는 의원 등의 3층에는 피난사다리가 적응성이 있다.
③ 노유자시설에서 구조대가 적응성이 있는 높이는 1층 이상, 3층 이하이다.
④ 공동주택에 적응성이 있는 피난구조설비는 공기안전매트이다.

45

다음 각 유도등의 설치기준으로 옳지 않은 것을 고르시오.

① 피난구유도등은 피난구의 바닥으로부터 1.5m 이상 높이에 설치한다.
② 거실통로유도등은 바닥으로부터 1.5m 이상 높이에 설치한다.
③ 계단통로유도등은 천장으로부터 1m 이하 높이에 설치한다.
④ 복도통로유도등은 바닥으로부터 1m 이하 높이에 설치한다.

46

3선식 유도등이 자동으로 점등되는 경우가 아닌 것은?

① 정전이 되거나 전원선이 단선된 경우
② 방재업무를 통제하는 곳에서 수동으로 점등한 경우
③ 온도감지센서가 사람의 움직임을 인식한 경우
④ 누군가가 발신기를 작동시킨 경우

47

옥내소화전 사용방법을 순서대로 나열한 것을 고르시오.

> ㉮ 호스 풀어서 화점으로 이동
> ㉯ 밸브를 시계방향으로 돌림
> ㉰ 노즐잡고 밸브를 시계반대방향으로 돌림
> ㉱ 함 개방
> ㉲ 펌프 정지 및 호스 건조, 정리

① ㉱ - ㉯ - ㉮ - ㉰ - ㉲
② ㉱ - ㉰ - ㉮ - ㉯ - ㉲
③ ㉱ - ㉮ - ㉯ - ㉰ - ㉲
④ ㉱ - ㉮ - ㉰ - ㉯ - ㉲

48~50

다음 작동기능점검표 및 소방계획서를 참고하여 물음에 답하시오.

1. 일반현황

명칭	인정빌딩
규모 및 구조	• 연면적:84,000m² • 층수:지상 12층/지하 3층 • 높이:54m • 용도:전시장, 근린생활시설, 판매시설
인원 현황	• 근무인원:502명(상시 근무자 8명 포함) • 상시 근무인원 현황(해당없는 자는 표기하지 않음) 1. 고령자:0 2. 장애인:1 3. 영유아:0

2. 소방시설 일반현황(일부분 발췌)

구분	설비		점검결과
소화 설비	[V] 소화기구	[V] 소화기	○
	[V] 자동소화설비		○
	[V] 옥내소화전		○
	[V] 스프링클러설비		○
	[V] 물분무소화설비		○
경보 설비	[V] 열감지기		×
	[V] 연기감지기		○
	[V] 자동화재탐지설비		○
	[V] 싸이렌		○

◎ 점검기간:2021년 11월 15일부터 2021년 11월 29일까지
◎ 점검자:㈜제일소방

3. 자체점검(완료)

구분	설비	점검결과
작동기능 점검	(A)	[ ] 자체 [V] 외주
종합정밀 점검	2021년 11월 15일 ~ 11월 29일	[ ] 자체 [V] 외주

48

위 내용 중 '3.자체점검'에 대한 설명으로 옳은 것을 고르시오.

① 인정빌딩의 건축물 사용승인이 이루어진 달은 5월이었을 것이다.
② 인정빌딩의 작동기능점검은 관계인 및 소방안전관리자를 통해 이루어졌다.
③ (A)는 2021년 6월이었을 것이다.
④ 인정빌딩의 다음 점검은 작동기능점검으로 2022년 5월에 실시할 것이다.

49

인정빌딩에 대한 설명으로 옳지 않은 것을 고르시오.

① 특급소방안전관리대상물이다.
② 소방안전관리자 및 소방안전관리보조자를 최소 5명 이상 선임해야 한다.
③ 상시 근무인원 중 재해약자가 포함되어 있다.
④ 공동소방안전관리자 선임 대상물이다.

50

아래 표는 인정빌딩의 '2. 소방시설 일반현황'에 따른 소방시설등 불량 세부사항이다. 두 자료를 참고하여 인정빌딩의 소방시설에 대한 설명으로 옳은 것을 고르시오.(단, 이 때 설비의 개수와 설치 위치는 고려하지 않는다.)

구분	점검항목	점검내용
경보설비 (열감지기)	열감지기 점검	• LED 점등 여부 확인 • 전압 확인
점검결과		
① 결과	② 불량내용	③ 조치
LED 점등 여부 확인	x	(B)
전압 확인	○	/

① 연기감지기에서 문제가 확인되었다.
② 열감지기 점검 결과 LED는 정상적으로 점등되었다.
③ (B)에는 '감지기 교체 필요'라는 내용을 기재할 수 있다.
④ 열감지기의 전압에 문제가 있으므로 회로를 보수하는 것이 효과적이다.

MEMO

MEMO

찐 스포일러
봉투모의고사

소방안전관리자 2급

모의고사 2회

모의고사 2회

01
소방용어에 대한 설명으로 옳은 것을 고르시오.
① 특정소방대상물이란 소화시설을 설치하도록 대통령령으로 정한 소방대상물이다.
② 관계인은 소방대상물의 소유자, 관계자, 점유자를 뜻한다.
③ 위급상황 발생 시 소방대를 지휘하는 사람을 소방대장이라고 한다.
④ 소방공무원, 자위소방대, 의용소방대원 등의 조직체를 묶어 소방대라고 한다.

02
무창층에 대한 설명으로 옳은 것만을 모두 고르시오.

- ㉮ 지하층 중에서 개구부 면적의 총합이 해당 층 바닥면적의 1/30 이하인 층이다.
- ㉯ 개구부의 크기는 지름 50cm 이상의 원이 내접할 수 있는 크기여야 한다.
- ㉰ 개구부의 상단이 해당 층 바닥으로부터 1.2m 이하의 높이에 위치해야 한다.
- ㉱ 개구부는 주차장이나 공터와 같은 빈터를 향해있어야 한다.
- ㉲ 개구부는 쉽게 부서지면 안된다.

① ㉮, ㉰
② ㉯, ㉱
③ ㉮, ㉯, ㉰, ㉱
④ ㉯, ㉰, ㉱, ㉲

03
한국소방안전원의 설립목적과 업무로 옳지 않은 것은?
① 소방기술의 향상 및 소방안전관리 설비 개발
② 대국민 홍보를 위한 간행물 발간
③ 국제협력 및 안전관리 기술 향상
④ 회원에게 기술 지원

04
다음 중 소방안전관리 업무대행이 가능한 소방안전관리대상물을 모두 고르시오.

- ⓐ 지상으로부터 높이가 250m의 아파트
- ⓑ 옥내소화전이 설치된 5층 이하 특정소방대상물
- ⓒ 아파트가 아니고, 연면적 8,000m²이면서 높이가 11층인 1급소방대상물
- ⓓ 연면적 30,000m²인 전시장

① ⓑ
② ⓑ, ⓒ
③ ⓐ, ⓑ, ⓒ
④ ⓑ, ⓒ, ⓓ

05

소방안전관리자 현황표에 반드시 명시해야 하는 정보가 아닌 것은?

① 소방안전관리대상물의 사용승인일
② 소방안전관리대상물의 등급
③ 소방안전관리자 선임일자
④ 소방안전관리대상물의 명칭

06

소방안전관리자 및 소방안전관리보조자 선임에 대한 설명으로 옳은 것은?

① 위험물안전관리자 강습교육을 수료한 자는 소방안전관리보조자로 바로 선임 가능하다.
② 소방공무원 근무 경력이 1년 이상인 자는 3급소방안전관리자 시험 응시자격만 주어진다.
③ 위험물산업기사 또는 위험물기능사 자격 보유자는 2급소방안전관리자로 바로 선임 가능하다.
④ 소방공무원 근무 경력이 10년 이상인 자는 특급소방안전관리자로 바로 선임 가능하다.

07

다음 중 소방특별조사를 위한 합동조사반으로 편성할 수 있는 기관은?

① 한국수도공사
② 한국전기안전공사
③ 한국시설안전공단
④ 한국전력공사

08 ~ 09

〈보기〉를 참고하여 물음에 답하시오.

〈보기〉
가. 화재조사를 수행하면서 알게 된 비밀을 타인에게 누설한 관계공무원에 처하는 벌칙
나. 소방자동차 전용구역에 주차한 행위에 처하는 벌칙
다. 소방안전관리자 및 소방안전관리보조자 미선임 시 처하는 벌칙
라. 피난명령을 위반한 자에 처하는 벌칙
마. 소방안전관리자 선임 신고를 하지 않은 자에 처하는 벌칙

08

〈보기〉에서 양벌규정이 가능한 벌칙의 기호를 모두 고르시오.

① 나, 마
② 다, 라
③ 가, 나, 마
④ 가, 다, 라

09

〈보기〉의 벌금형 중에서 벌과금이 다른 하나는?

① 가
② 나
③ 다
④ 라

10

화재로 오인할 우려가 있는 불을 피우거나 연막소독을 실시하고자 하는 자가 미리 신고를 하지 않아 소방자동차를 출동하게 했을 시, 20만원 이하의 과태료가 부과될 수 있는 지역 또는 장소로 옳지 않은 것을 고르시오.
① 공동주택이 밀집한 지역
② 공장 및 창고가 밀집한 지역
③ 시장지역
④ 석유화학제품 생산 공장이 있는 지역

11

방염에 대한 설명으로 옳지 않은 것을 고르시오.
① 11층 이상의 아파트는 방염성능 기준 이상의 실내장식물 설치 장소에서 제외된다.
② 종이벽지는 방염대상물품에서 제외된다.
③ 방염의 목적은 피난시간을 확보하고, 연소최소화를 방지하는 것이다.
④ 의료시설, 노유자시설에서 사용하는 침구류는 방염처리된 제품 사용을 권장한다.

12

아래 내용을 참고하여 김남극씨가 언제까지 실무교육을 이수해야 하는지 가장 타당한 날짜를 고르시오.

- 이름:김남극
- 강습수료일:2020년 2월 5일
- 자격취득일:2020년 4월 17일
- 선임일자:2021년 1월 19일

① 2021년 7월 18일
② 2022년 1월 18일
③ 2022년 2월 4일
④ 2022년 4월 16일

13

건축허가등의 동의에 대한 설명으로 옳은 것을 고르시오.
① 건축허가등의 동의권자는 공사시공지 또는 관할 소방서장 및 본부장이다.
② 건축허가등의 동의대상은 신축, 증축, 개축, 재축, 이전, 철거, 대수선 등이 있다.
③ 학교시설은 연면적 200m² 이상일 때 건축허가등의 동의를 받아야 한다.
④ 건축허가등의 동의절차에서 보완기간 내 서류 미 보완 시 4일 내로 1회 연장이 가능하다.

14

다음 중 정전기 예방 대책으로 옳은 것만을 모두 고른 것은?

> ⓐ 비전도체물질을 사용한다.
> ⓑ 접지시설을 설치한다.
> ⓒ 공기를 이원화시킨다.
> ⓓ 습도를 70% 이상으로 유지한다.
> ⓔ 누전차단기를 설치한다.

① ⓐ, ⓒ
② ⓑ, ⓓ
③ ⓐ, ⓓ, ⓔ
④ ⓑ, ⓓ, ⓔ

15

가연물이 될 수 없는 물질에 대한 설명으로 옳지 않은 것은?

① 헬륨, 네온, 아르곤 등은 산소와 결합하지 못하는 불활성기체로 가연물이 될 수 없다.
② 질소 및 질소산화물은 산소와 화합하여 흡열반응을 일으켜 가연물이 될 수 없다.
③ 일산화탄소(CO)는 산소와 화학반응을 일으키지 못하기 때문에 가연물이 될 수 없다.
④ 돌이나 흙이 가연물이 되지 못하는 이유는 연소하지 않기 때문이다.

16

가연물질의 구비조건으로 옳은 것을 모두 고르시오.

> ⓐ 열전도 값이 작으면 열의 발산이 용이하므로 열전도 값은 커야 한다.
> ⓑ 조연성 가스와 친화력이 강하면 흡열반응을 일으키므로 친화력은 낮아야 한다.
> ⓒ 산소와 접촉할 수 있는 표면적이 커야 하며 고체보다 기체가 산소 접촉 표면적이 크기 때문에 산화되기 쉽다.
> ⓓ 화학반응에 필요한 최소 점화에너지 값이 작아야 연소에 유리하므로 점화에너지 값이 작아야 한다.
> ⓔ 산소와 결합했을 때 발열량이 크고, 연쇄반응을 일으키는 물질이 가연물질이 되기에 유리하다.

① ⓐ, ⓒ, ⓓ
② ⓐ, ⓓ, ⓔ
③ ⓑ, ⓒ, ⓓ
④ ⓒ, ⓓ, ⓔ

17

각 괄호에 들어갈 화재의 종류를 알맞게 짝지은 것을 고르시오.

화재 종류	(A)	(B)
특징 및 소화 방법	• 상온에서 액체상태로 존재하는 유류가 가연물이 되는 화재를 일컬음. • 연소 후 재가 남지 않음. • 포 등을 이용한 질식 소화 및 냉각소화가 적응성이 있음.	• 가연성이 강한 칼륨, 나트륨, 마그네슘, 알루미늄 등이 가연물이 될 수 있으며 분말상으로 존재할 때 가연성이 증가한다. • 물과 반응하여 강한 수소를 발생시킬 수 있어 대부분 수계소화 약제를 사용하지 않는다. • 마른모래 등을 이용한 질식소화가 적응성이 있다.

	(A)	(B)
①	A급	B급
②	B급	C급
③	B급	D급
④	C급	D급

18

각 용어에 대한 특징을 참고하여 각 빈 칸에 들어갈 말로 옳은 것을 순서대로 나열한 것은?

(가)	점화원	(나)	(다)
연소상태가 계속될 수 있게 하는 온도, 연소 상태가 5초 이상 유지될 수 있는 온도.	연소범위가 만들어졌을 때 연소를 일으키는 외부의 최소한의 활성화 에너지.	외부의 점화원 없이 열의 축적에 의해 불이 일거나 타기 시작하는 최저 온도.	연소범위가 만들어졌을 때 외부의 점화원에 의해 불이 붙을 수 있는 최저 온도.

	(가)	(나)	(다)
①	연소점	발화점	인화점
②	연소점	인화점	발화점
③	발화점	인화점	연소점
④	인화점	발화점	연소점

19

화재 시 산소공급원에 대한 설명으로 옳지 않은 것은?

① 일반적으로 공기 중에는 약 21%의 산소가 포함되어 있어 산소공급원이 될 수 있다.
② 대체로 일반 가연물의 경우 산소농도가 15% 이하이면 연소가 어렵다.
③ 제1류·제6류 위험물은 산소를 함유하고 있거나 발생시키므로 산화제로 분류된다.
④ 산소를 함유한 제5류 위험물은 자연발화성 금수성 물질로 폭발의 위험이 있어 위험하다.

20

연소생성물의 특징으로 옳은 것은?

① 계단실 내 수직이동 시 확산 속도가 가장 빠르며 2~3m/s 속도로 이동한다.
② 일산화탄소는 염소와의 작용으로 $COCl_2$를 생성해 생명이 위험할 수 있다.
③ 산소 공급이 부족하여 불완전연소 시 탄소성분이 유입되며 흰색 연기가 발생한다.
④ 연기로 인한 시야 감퇴는 피난행동 및 소화활동의 정촉매 역할을 한다.

21

화재성장 단계에서 각 빈 칸에 들어갈 말로 옳은 것을 순서대로 고르시오.

초기	• 실내 온도가 아직 크게 상승하지 않음. • 대개 발화부위는 (가)로부터 시작되는 경우가 많다.
성장기	• 내장재 등에 착화된 후 실내 온도가 급격히 상승함. • 가연성 가스가 천장 부근에 모여 착화되면 불꽃이 폭발적으로 확산하며 실내 전체가 화염에 휩싸이는 (나) 상태 발생.
최성기	• 실내 전체에 화염이 가득 차 연소가 최고조인 상태.
감쇠기	• 가연물이 대부분 타버리고 화세가 감쇠하며 온도가 하강하기 시작.

	(가)	(나)
①	훈소현상	플레어 오버(Flare over)
②	적소현상	플레어 오버(Flare over)
③	훈소현상	플래시 오버(Flash over)
④	적소현상	플래시 오버(Flash over)

22

유류 취급 시 주의사항으로 옳은 것은?

① 석유난로 사용 시 이동이 수월해야하므로 고정장치를 설치하면 안된다.
② 유류를 이용한 화기에 불을 붙이고 장시간 자리를 비울 때는 환기를 위해 창문을 열어둔다.
③ 유류가 들어있던 빈 드럼통은 절단 시 빈 드럼통 속에 유증기를 미리 주입한 후 작업한다.
④ 어두운 장소에서 유류통의 연료량을 확인할 때는 손전등 또는 LED등을 준비해야 한다.

23~24

다음 〈보기〉 참고하여 물음에 답하시오.

〈보기〉
- 용도: 도시가스
- 비중: 0.6
- 폭발범위: 5~15%

23

위 〈보기〉의 설명에 부합하는 연료가스의 주성분을 고르시오.

① C_3H_8(C3H8)
② CH_4(CH4)
③ CH_3OH(CH3OH)
④ C_4H_{10}(C4H10)

24

위 〈보기〉의 설명에 부합하는 연료가스의 가스누설경보기 설치 위치로 옳은 것을 모두 고르시오.

가. 연소기로부터 수평거리 4m 이내에 위치하도록 설치한다.
나. 연소기로부터 수평거리 8m 이내에 위치하도록 설치한다.
다. 탐지기의 하단이 천장으로부터 하방 30cm 이내에 위치하도록 설치한다.
라. 탐지기의 상단이 바닥으로부터 상방 30cm 이내에 위치하도록 설치한다.

① 가, 다
② 가, 라
③ 나, 다
④ 나, 라

25

C급화재의 예방요령으로 가장 타당하지 않은 것은?

① 화재발생 시 일제살수식 스프링클러설비가 적응성이 있으므로 설치를 권장한다.
② 시설 설치 시 등록업체를 통해 정확하게 시공해야 한다.
③ 누전차단기를 설치하여 월 1~2회 동작여부를 확인해야 한다.
④ 단락에 의한 발화를 경계해야 하고 과전류차단장치를 설치한다.

26

응급처치의 일반원칙으로 옳은 것은?

① 비용절감을 위해 되도록 앰블런스를 호출한다.
② 구조자는 환자의 안전을 최우선으로 한다.
③ 응급처치 시 당사자의 이해와 동의를 얻는다.
④ 응급처치를 한 후 응급구조를 요청한다.

27

응급처치의 기본사항으로 옳은 것은?

① 이물질이 눈에 보이더라도 손으로 제거하려 하면 안된다.
② 일반적으로 혈액량의 8% 출혈 시 생명이 위험해진다.
③ 환자가 구토하려 하면 머리를 위로 들어올린다.
④ 이물질이 제거되면 환자의 턱을 밑으로 내려 기도를 개방한다.

28

심폐소생술 시행 시 가슴압박 위치로 옳은 것을 고르시오.

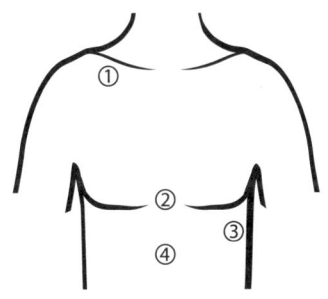

① (환자 기준) 오른쪽 빗장뼈 아래
② 흉골 아래쪽 절반 부위
③ (환자 기준) 왼쪽 가슴 아래와 겨드랑이 중간
④ 복부 하단 중앙 부위

29

성인을 대상으로 한 심폐소생술에 대해 옳게 말한 사람을 모두 고르시오.

- 형수 : 순서는 C→B→A로 진행해야 해.
- 진수 : 반응이 없거나 호흡이 비정상이면 신고를 함과 동시에 AED를 요청해야 해.
- 혁수 : 맥박 및 호흡의 정상 여부는 20초 내로 판별해야 해.
- 정수 : 압박과 이완의 시간 비율은 30:2로 유지해야 해.
- 만수 : 분당 100~120회의 속도, 약 5cm 깊이로 환자의 가슴을 압박해야 해.

① 형수, 혁수
② 형수, 진수, 혁수
③ 진수, 만수
④ 진수, 정수, 만수

30

다음 각 설명에 부합하는 소방계획의 주요원리를 순서대로 고르시오.

주요원리	(가)	(나)	(다)
주요내용	계획(Plan), 이행/운영(Do), 모니터링(Check), 개선(Act)의 PDCA Cycle	• 모든 형태의 위험 포괄 • 예방·대비 → 대응 → 복구의 전주기적 단계의 위험성 평가	정부, 대상처, 전문기관의 거버넌스 및 안전관리 네트워크 구축/협력 및 파트너십 구축

① 지속적 발전모델 - 종합적 안전관리 - 통합적 안전관리
② 종합적 안전관리 - 지속적 발전모델 - 통합적 안전관리
③ 지속적 발전모델 - 통합적 안전관리 - 종합적 안전관리
④ 종합적 안전관리 - 통합적 발전모델 - 지속적 안전관리

31

소방계획의 수립절차 중 목표와 전략, 세부 실행계획을 수립하는 과정이 포함되는 단계를 고르시오.

① 1단계 사전기획
② 2단계 위험환경 분석
③ 3단계 설계 및 개발
④ 4단계 시행 및 유지관리

32

다음 중 소방계획의 작성원칙에 해당하는 것을 모두 고르시오.

A. 실현가능한 계획	B. 안전성 보장
C. 계획수립의 구조화	D. 계획우선
E. 관계인의 참여	F. 실행우선
G. 팀워크 중심	H. 전문성 함양

① A, B, F, H
② A, C, E, F
③ A, B, D, E, H
④ A, C, D, E, G

33

화재대응 과정 중 화재전파 및 접수 과정으로 보기 어려운 것은?

① 발신기를 누른다.
② 육성으로 "불이야"라고 외친다.
③ 화재경보장치 작동으로 수신반에 자동으로 화재신호가 접수된다.
④ 소화기 및 옥내소화전으로 소화작업을 실시한다.

34

화재 시 일반적인 피난행동으로 옳은 것은?

① 화재초기에는 엘리베이터를 이용해 신속하게 대피한다.
② 아래층으로 대피가 어렵다면 곧장 완강기를 이용해 탈출한다.
③ 탈출한 이후 소방대원의 안내에 따라 재해약자 구출을 돕는다.
④ 아파트에서 세대 밖으로 탈출이 어렵다면 경량 칸막이를 통해 옆세대로 대피한다.

35

자위소방대 및 초기대응체계 구성과 운영에 대한 설명으로 옳은 것은?

① 지구대 설정 시 주차장과 공장은 구역(Zone) 설정에서 제외한다.
② 자위소방대원은 반드시 거주 인원으로만 인력을 편성해야 한다.
③ 초기대응체계 편성 시 2명 이상은 수신반에 근무해야 한다.
④ 팀의 기능에 따라 자위소방대원별로 개별임무를 부여할 때 임무를 중복으로 지정할 수 없다.

36

소방훈련 및 교육에 대한 설명으로 빈 칸에 들어갈 말로 옳은 것을 순서대로 고르시오.

- 소방훈련 및 교육을 실시해야 하는 대상물은 소방안전관리대상물 중에서 상시 근무인원 또는 거주 인원이 10명 (A)인 특정소방대상물을 제외한 특정소방대상물이 해당한다.
- 소방훈련 및 교육은 연 (B)회 이상 실시해야 하며, 그 결과를 결과기록부에 기록하여 (C)년간 보관해야 한다.

	(A)	(B)	(C)
①	이하	1	2
②	미만	1	2
③	이하	2	1
④	미만	2	1

37

다음 그림을 보고 각 유도등의 이름을 순서대로 고르시오.

(가)

(나)

	(가)	(나)
①	통로유도등	피난구유도등
②	피난구유도등	객석유도등
③	피난구유도등	통로유도등
④	객석유도등	피난구유도등

38

다음 그림에서 발신기 누름버튼을 눌렀을 때 점등되는 버튼 및 작동하는 설비로 옳은 것을 모두 고르시오.

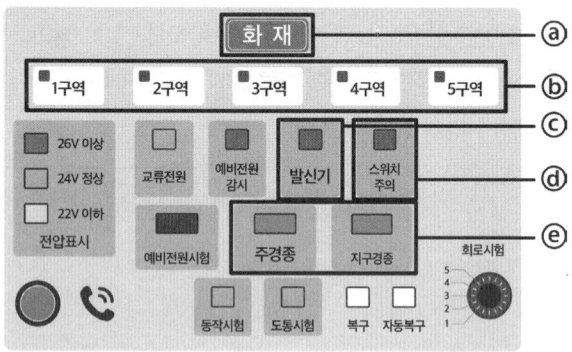

① ⓐ, ⓑ, ⓒ
② ⓐ, ⓑ, ⓒ, ⓔ
③ ⓐ, ⓑ, ⓓ, ⓔ
④ ⓐ, ⓑ, ⓒ, ⓓ, ⓔ

39

다음 〈보기〉에서 소화기구와 음향장치 점검 시 반드시 필요한 장비로 옳은 것을 차례대로 고르시오.

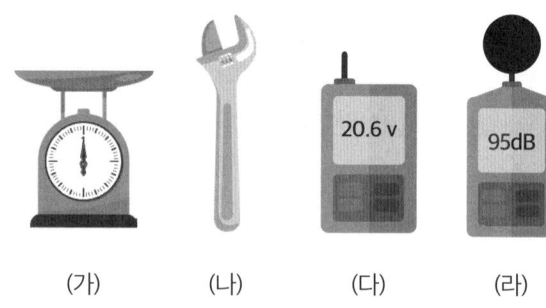

(가) (나) (다) (라)

① (가), (다)
② (가), (라)
③ (나), (라)
④ (다), (라)

40

소화기에 대한 설명으로 옳지 않은 것을 고르시오.

① BC급 분말소화기의 주성분은 제1인산암모늄으로 약제는 담홍색을 띤다.
② 분말소화기의 내용연수는 10년이나, 성능확인 후 1회에 한하여 3년 연장 가능하다.
③ 분말소화기는 생활폐기물 신고필증을 구매하여 부착 후 지정된 장소에 배출한다.
④ 축압식 분말소화기와 할론1211·2402소화기는 지시압력계가 부착되어 있다.

41

아래 도면과 같은 사무실(영업시설)에 능력단위 2단위의 소화기를 설치할 때 필요한 최소 개수를 구하시오.(단, 사무실의 주요구조부는 내화구조이고, 실내면은 불연재료로 이루어져 있다.)

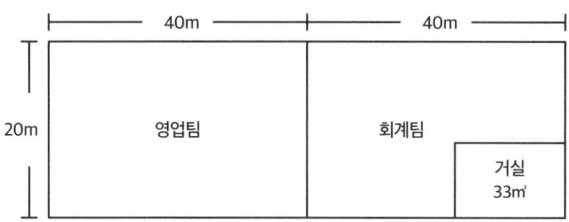

① 4개
② 5개
③ 6개
④ 7개

42

평상 시 옥내소화전의 동력제어반 스위치 및 표시등에 대해 옳게 설명한 것은?

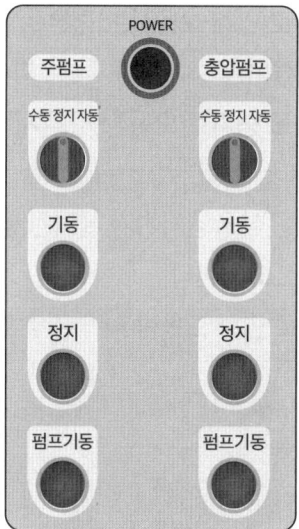

동력제어반 MCC

① 전원표시등은 소등되어 있는 것이 옳다.
② 평상 시에는 위와같이 주·충압펌프 스위치를 정지 위치에 둔다.
③ 주·충압펌프 기동표시등은 소등되어 있는 것이 옳다.
④ 주·충압펌프 펌프기동표시등은 점등되어 있는 것이 옳다.

43

다음 중 비화재보의 원인별 대책으로 가장 타당한 것은?

① 건물 누수로 인해 오동작한 경우 감지기 복구 스위치를 누른다.
② 장마철 습도 증가로 오동작 시 감지기를 원상태로 복구한다.
③ 주방에 정온식 열감지기가 설치된 경우 차동식 열감지기로 교체한다.
④ 담배연기로 인한 오동작 시 연기감지기로 교체한다.

44

방출표시등 작동시험 시 작동 확인사항으로 옳지 않은 것은?

① 스프링클러설비 제어반의 점등 여부를 확인한다.
② 방호구역 출입문 상단의 방출표시등 점등 여부를 확인한다.
③ 수동조작함(수동기동장치)의 적색 방출등 점등 여부를 확인한다.
④ 가스계소화설비 제어반의 점등 여부를 확인한다.

45

유도등 및 유도표지에 대한 설명으로 옳은 것은?

① 지하역사 또는 지하상가에서 유도등은 정전 시 비상전원으로 20분 이상 작동해야 한다.
② 통로유도표지는 하나의 유도표지까지의 수평거리가 15m 이하인 곳에 설치한다.
③ 3선식 유도등은 평상 시 꺼둔 상태로 충전이 가능해 대부분의 장소에 설치를 권장한다.
④ 계단통로유도등은 계단참이나 경사로참의 바닥으로부터 1m 이하 위치에 설치한다.

46

피난구조설비의 설치장소 및 기구별 적응성으로 옳은 것을 고르시오.

① 구조대는 3층 이하의 노유자시설과 1층 이상, 10층 이하의 다중이용업소에 적응성이 있다.
② 피난트랩은 노유자시설의 지하와 공동주택에서 적응성이 있다.
③ 노유자시설과 다중이용업소에서 간이완강기는 적응성이 없다.
④ 입원실이 있는 의원 등의 장소에서 1층 이하에는 피난용 트랩이 적응성이 없다.

47

다음의 그림과 설명에 해당하는 설비의 구조부 이름으로 옳은 것을 고르시오.

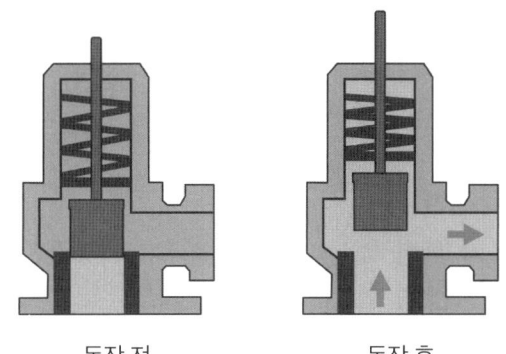

동작 전   동작 후

> 순환배관 상의 _____를 통해 과압을 방출하여 수온상승을 방지함으로써 펌프에 무리가 발생하지 않도록 완화하는 기능을 수행한다.

① 유량조절밸브
② 릴리프밸브
③ 프리액션밸브
④ 솔레노이드밸브

48

다음 표를 참고하여 스프링클러설비의 종류별 설명으로 옳은 것을 모두 고르시오.

구분	건식	일제 살수식	습식	준비 작동식
장점	㉠ 동결 우려 장소에서 사용 가능	초기 화재에 신속한 대처 가능	구조가 간단하며 공사비가 저렴	살수 전 경보로 조기 대처 가능
단점	㉡ 화재 초기 화재를 촉진할 우려가 있음	대량 살수로 수손 피해 우려 있음	㉢ 2차측 배관 부실 시공 우려 있음	㉣ 동결 우려 장소에 설치 불가
㉤ 감열체 유무	폐쇄형			개방형

① ㉠, ㉡
② ㉡, ㉢
③ ㉠, ㉣, ㉤
④ ㉠, ㉡, ㉢, ㉣

49~50

하단 표를 참고하여 물음에 답하시오.

소방시설등 작동기능점검 실시결과 보고서		
소방대상물	명칭:아주빌딩	관계인:최소방 (연락처 010-9876-5432)
	소재지:서울시 종로구 필운대로 001	
	용도:업무시설	
	건물구조:철근콘크리트조, 슬라브지붕, 지상6층, 지하3층	
	연면적:3874.5m²	
소방시설등의 점검내역	소방시설의 종류		점검결과
	소화기구	소화기, 자동소화장치	각 설비별 점검결과 및 점검결과 지적내역서 참조
	경보설비	자동화재탐지설비	
	소화활동설비	옥내소화전설비, 스프링클러설비	

49

아주빌딩의 소방시설 점검내역 중 일부를 발췌한 내용이다. 이에 대한 설명으로 옳은 것을 고르시오.

자동화재탐지설비				
구분	설비		점검결과	
			결과	불량내용
수신기	절환장치 (예비전원)	상용전원 OFF 시 예비전원 자동 절환 여부	○	(가)
	스위치	스위치 정위치(자동) 여부	(나)	감시제어반의 주펌프 스위치가 기동 위치에 놓여있음.
	도통시험	회로 단선 여부	(다)	(라)

① (가)에는 X 표시를 하는 것이 옳다.
② 감시제어반의 주펌프 스위치 위치가 '기동'에 있으므로 (나)는 ○ 표시가 옳다.
③ (다)의 결과가 X 라면 도통시험 확인등에 녹색 불이 점등된다.
④ (다)의 결과가 ○ 라면 전압계에는 4~8V가 측정되었을 것이다.

50

아주빌딩에 대한 설명으로 옳은 것을 고르시오.

① 공동소방안전관리자를 선임해야 하는 특정소방대상물이다.
② 소방시설의 자체점검 시 종합정밀점검 시행 대상이 아니다.
③ 화재 발생 시 경보방식은 직상발화 경보방식이 효과적이다.
④ 가연성가스를 1천톤 이상 저장 및 취급하는 시설과 같은 등급의 소방대상물이다.

MEMO

찐 스포일러 봉투모의고사

소방안전관리자 2급

해설집 1회

소방안전관리자 2급 찐 스포일러 봉투모의고사

해설집 1회

정답

01	③	02	①	03	②	04	④	05	③
06	④	07	①	08	③	09	①	10	④
11	②	12	③	13	④	14	②	15	③
16	①	17	②	18	①	19	③	20	④
21	④	22	②	23	①	24	②	25	④
26	③	27	①	28	③	29	②	30	①
31	③	32	③	33	④	34	①	35	②
36	③	37	④	38	③	39	④	40	②
41	③	42	②	43	①	44	②	45	③
46	③	47	④	48	④	49	①	50	③

01

다음 〈보기〉의 내용이 무엇에 대한 설명인지 고르시오.

〈보기〉
- 화재 진압 및 위급상황 발생 시 구조 및 구급활동을 하기 위해 결성된 조직체를 말한다.
- 소방공무원, 의무소방원, 의용소방대원이 포함된다.

① 소방대장
② 소방대원
✓ 소방대
④ 자위소방대

답 ③

해 화재 진압이 필요하거나 위급한 상황이 발생했을 때 구조 및 구급 활동을 행하기 위해 구성된 조직체를 '소방대'라고 하며, 소방대에는 소방공무원, 의무소방원, 의용소방대원이 포함된다.

02

다음 중 각 소방용어에 대한 설명으로 옳지 않은 것을 고르시오

① 소방시설을 설치하도록 소방대장령으로 정한 소방대상물을 특정소방대상물이라고 한다.
② 소방대상물에는 건축물, 차량, 항구에 매어둔 선박 등이 포함된다.
③ 소방대상물의 점유자, 관리자, 소유자는 관계인이다.
④ 대통령령으로 정한 소화설비, 소화활동설비, 경보설비 등을 소방시설이라고 부른다.

답 ①

해 특정소방대상물은 소방시설을 설치하도록 '대통령령'으로 정한 소방대상물을 의미한다. 따라서 '소방대장령'이라고 서술한 부분이 잘못되었으므로 ①번이 옳지 않다.

03

한국소방안전원의 설립목적과 업무에 대한 설명으로 옳은 기호만을 모두 고른 것은?

기호	설립목적	업무
ㄱ	소방 종사자의 기술 향상	전국민 대상으로 기술 지원
ㄴ	소방 및 안전관리 기술의 홍보	간행물 발간
ㄷ	행정기관의 위탁업무 수행	행정기관의 국민안전에 관한 위탁 업무 수행
ㄹ	소방 및 안전관리 기술의 향상	소방안전에 관한 국제협력
ㅁ	소방 기술 및 시설의 개편, 설립	소방기술, 안전관리 교육 및 연구, 조사

① ㄱ, ㄷ
② ㄴ, ㄹ
③ ㄴ, ㄹ, ㅁ
④ ㄱ, ㄴ, ㄷ, ㄹ, ㅁ

답 ②

해 ㄱ. 설립목적은 맞으나, 소방 종사자의 기술 향상을 위해 회원에게 기술을 지원하는 업무를 맡고 있다. 따라서 전국민 대상이라고 서술한 부분이 잘못되었다.

ㄷ. 설립목적에서 행정기관의 위탁업무를 수행하는 것은 맞으나, 이 때 행정기관의 '소방업무'에 관한 위탁업무를 수행하는 것이므로 '국민안전에 관한 위탁업무' 부분이 잘못되었다.

ㅁ. 소방기술, 안전관리 교육 및 연구, 조사 업무를 수행하는 것은 맞으나, 소방 기술 및 시설을 설립하거나 개편, 또는 창조하는 활동은 한국소방안전원의 업무에 포함되지 않기 때문에 설립목적으로 합당하지 않은 내용이다.

따라서 옳은 것만을 고른 것은 ㄴ, ㄹ로 ②번이 옳다.

04

소방안전관리 업무의 대행에 관한 설명으로 옳지 않은 것을 고르시오.

① 특급소방안전관리대상물의 소방시설 유지관리 업무는 대행할 수 없다.
② 아파트를 제외한 1급소방안전관리대상물 중 연면적 15,000m² 미만, 11층 이상이면 방화시설 유지관리 업무의 대행이 가능하다.
③ 관계인은 업무대행을 맡은 자를 감독하는 소방안전관리자를 선임할 수 있다.
✓ 2급,3급소방대상물은 소방훈련 및 교육 업무대행이 가능한 소방안전관리대상물이다.

답 ④

해 대통령령으로 지정한 업무대행 가능한 일부 업무에 해당하는 것은 소방시설의 유지관리, 피난·방화시설의 유지관리 업무만 포함되므로, 소방훈련 및 교육 업무의 대행이 가능하다고 서술한 부분이 잘못되었다.

05

다음은 특정소방대상물의 구분을 나타낸 표이다. (㉠)부터 (㉣)에 해당하는 급수를 순서대로 나열하시오.

구분	내용
(㉠)급 소방안전 관리대상물	• 지하를 제외하고 50층 이상 또는 높이 200m 이상의 아파트 • 연면적 20만m² 이상의 특정소방대상물(아파트 제외)
(㉡)급 소방안전 관리대상물	• 옥내소화전설비, 스프링클러설비, 간이스프링클러설비, 물분무등소화설비를 설치한 특정소방대상물 • 지하구 등
(㉢)급 소방안전 관리대상물	• 상위 급수에 해당하지 않는 것 중, 자동화재탐지설비를 설치하는 소방대상물
(㉣)급 소방안전 관리대상물	• 지하를 제외하고 30층 이상 또는 높이 120m 이상의 아파트 • 1,000톤 이상의 가연성 가스를 취급·저장하는 시설 • 아파트를 제외하고 연면적 15,000m² 이상의 특정소방대상물

① 특 - 1 - 2 - 3
② 특 - 1 - 3 - 2
✓ ③ 특 - 2 - 3 - 1
④ 특 - 2 - 1 - 3

답 ③

해 ㉠은 특급소방대상물, ㉡은 2급소방대상물, ㉢은 3급소방대상물(여기서 '상위 급수'는 특,1,2급을 이야기한다), ㉣은 1급소방대상물에 관한 설명으로 ㉠부터 ㉣에 들어갈 말을 순서대로 나열한 것은 특 - 2 - 3 - 1로 ③번이 옳다.

06

소방안전관리자 선임자격에 대한 기준으로 옳은 설명을 고르시오.
① 소방공무원으로 10년 이상 근무한 경력이 있는 자는 특급소방안전관리자로 바로 선임이 가능하다.
② 소방설비기사 또는 소방설비산업기사 자격을 보유한 자는 1급소방안전관리자 시험 응시 자격만 주어진다.
③ 의용소방대원 또는 경찰공무원으로 근무한 경력이 3년 이상인 자는 2급소방안전관리자로 바로 선임이 가능하다.
✓ 소방공무원으로 근무한 경력이 1년 이상인 자는 3급소방안전관리자로 바로 선임이 가능하다.

답 ④

해 ① 소방공무원 근무 경력이 10년 이상인 자는 특급소방안전관리자 시험 응시자격만 주어지므로 잘못된 설명이다.
② 소방설비기사 또는 소방설비산업기사 자격을 보유한 자는 1급소방안전관리자로 바로 선임이 가능하므로 잘못된 설명이다.
③ 의용소방대원 또는 경찰공무원 또는 소방안전관리보조자로 근무한 경력이 3년 이상인 자는 2급소방안전관리자 시험 응시자격만 주어지므로 잘못된 설명이다.
따라서 옳은 것은 ④

07

소방안전관리자 및 소방안전관리보조자 선임에 대한 설명으로 옳지 않은 것은?
✓ 특급과 1급소방안전관리자는 선임 신청 연기가 가능하다.
② 증축 또는 용도변경으로 소방안전관리대상물로 지정된 경우 증축완공일 또는 건축물관리대장에 용도변경 사실을 기재한 날로부터 30일 내에 소방안전관리자를 선임해야 한다.
③ 소방안전관리 업무대행 감독을 위한 소방안전관리자를 선임하고 그 계약이 종료된 경우 업무대행이 끝난 날이 선임 기준일이 된다.
④ 소방안전관리자 및 보조자를 선임한 후 14일 내에 소방서장에게 신고해야 한다.

답 ①

해 특급과 1급 소방안전관리자는 선임 연기가 불가능하므로 옳지 않은 설명이다.
※ '선임신청 연기'란, 소방안전관리 강습교육 또는 시험이 선임해야 하는 기간 내에 없을 경우 강습교육 접수증 등을 첨부하여 선임신청 연기가 가능하다. 단, 2급과 3급만 선임신청 연기가 가능하다.

08

제시된 표를 보고 '챕스빌딩'의 다음 점검과 시행 날짜로 가장 타당한 것을 고르시오.

챕스빌딩
• 용도 : 다중이용업소
• 스프링클러설비 설치
• 연면적 : 2,500m²
• 완공일 : 2020년 10월 5일
• 사용승인일 : 2020년 11월 7일
• 최근 점검 기록 : 2021년 11월 10일 완료

① 종합정밀점검 : 2022년 5월
② 종합정밀점검 : 2022년 4월
✓ ③ 작동기능점검 : 2022년 5월
④ 작동기능점검 : 2022년 4월

답 ③

해 '완공일'은 점검과 무관하므로 제외한다.
챕스빌딩은 스프링클러설비가 설치되어 있고, 연면적 2,000m² 이상의 다중이용업소이므로 종합정밀점검까지 시행해야 하는 대상물이다.
이 때 '사용승인일'을 기준으로 그 다음 해 사용승인일이 포함된 달의 말일까지 최초 종합정밀점검을 먼저 시행했을 것이다. 따라서 최근 점검 기록인 2021년 11월 10일에 종합정밀점검을 완료한 것으로 명시되어 있으므로, 그로부터 6개월 후인 2022년 5월에 작동기능점검을 실시할 것으로 예상할 수 있다. 따라서 다음 점검은 '작동기능점검'으로 2022년 5월에 실시할 것이므로 ③이 옳다.

09~10

다음의 표를 참고하여 문제에 답하시오.

기호	내용	벌칙
①	불이 나거나 화재 번짐의 우려가 있는 소방대상물이나 토지에 내려진 강제처분을 따르지 않는 자에게 부과하는 벌칙이다.	㉠
②	소방시설등에 대한 자체점검을 실시하지 않았을 때 부과하는 벌칙이다.	㉡
③	소방안전관리자를 선임하지 않았을 때 부과하는 벌칙이다.	㉢
④	소방차 출동에 지장을 주거나 소방활동 구역에 출입한 자에게 부과하는 벌칙이다.	㉣

09

위 표의 각 내용에 해당하는 벌금 및 과태료의 액수로 옳지 않은 것은?

✓ ① 5천만 원 이하
② 1천만 원 이하
③ 300만 원 이하
④ 200만 원 이하

답 ①

해 ①에 해당하는 벌칙은 3년 이하의 징역 또는 3천만 원 이하의 벌금이므로 액수는 3천만 원 이하에 해당한다.
※ 참고로 5년 이하의 징역 또는 5천만 원 이하의 벌금에 해당하는 것은 위력 및 폭력을 가해 화재진압이나 인명 구조활동 등을 방해한 행동 등이 해당한다.

10

다음 중 위 표에서 양벌규정이 부과되지 않는 벌칙을 고르시오.
① ㉠
② ㉡
③ ㉢
✔ ④ ㉣

답 ④

해 ①번부터 ③번까지는 모두 '벌금'형에 해당하는 벌칙으로 양벌규정이 부과될 수 있지만, ④번은 '과태료'에 해당하는 벌칙이므로 양벌규정 부과에 해당하지 않는다.

11

소방특별조사에 대한 설명으로 옳은 것을 고르시오.
① 대통령령으로 관할지역 내 소방대상물을 대상으로 재난 및 재해 발생 가능성 등을 확인하기 위해 이루어지는 조사이다.
✔ ② 개인의 주거형태는 관계인이 승낙하거나 화재발생 우려가 뚜렷하여 긴급하게 조사가 필요한 경우에만 가능하다.
③ 소방특별조사 결과 내려진 조치명령을 이행하지 않을 시 시,군,구 행정기관 내 게시판에 위반사실을 공개하는 처벌이 부과된다.
④ 소방특별조사를 위한 합동조사반에 협조하는 업무는 한국소방안전원의 업무에 포함되지 않는다.

답 ②

해 ① 소방특별조사는 소방서장 및 본부장의 권한으로 이루어지므로 대통령령이라고 서술한 부분이 잘못되었다. 참고로 재난 및 재해 발생 가능성 외에도 설치 및 구조의 적법 여부, 유지 및 관리 여부 등을 확인하기 위한 목적이 있다.
③ 소방특별조사 결과 내려진 조치명령을 이행하지 않으면 '인터넷'에 위반사실을 공개하는 처벌이 가능하다. 따라서 시,군,구 행정기관 내 게시판이라고 서술한 부분이 잘못되었다.
④ 소방특별조사를 위해 합동조사반을 편성할 수 있는데, 이 때 한국소방안전원 외에도 한국소방산업기술원, 한국화재보험협회, 한국가스안전공사, 한국전기안전공사, 기타 소방 단체 및 시,군,구 행정기관도 포함될 수 있다. 따라서 한국소방안전원의 업무에 포함되지 않는다는 설명이 잘못되었다.

12

피난·방화시설의 유지 및 관리 업무를 바르게 시행하고 있는 사람을 고르시오.
① 예찬: 외부인의 방화 가능성을 최소화하기 위해 계단에 철책을 설치했다.
② 힘찬: 입주민의 원활한 이동을 위해 방화문에 고임장치를 설치했다.
✓③ 솔찬: 정신병동에서 방화문에 잠금장치를 사용하는 대신 비상 시 자동 개방되는 자동개폐장치를 설치했다.
④ 경찬: 사고를 방지하기 위해 비상구에 잠금장치를 설치했다.

답 ③

해 ① 계단에 방범창이나 철책 등을 설치할 경우, 화재 발생 시 원활한 피난에 방해가 되므로 피난·방화시설의 유지 및 관리 중 금지행위에 해당한다. 따라서 잘못된 설명이다.
② 방화문은 화재가 발생했을 때 불길이나 연기를 막아주는 용도이기 때문에 평상시 기본적으로 닫혀 있는 상태로 관리해야 한다. 따라서 고임장치를 설치해 열어두는 행위는 금지행위에 해당하므로 옳지 않은 설명이다.
④ 비상구는 피난을 위해 원활한 이용이 가능해야 하는데 잠금장치를 설치해 열지 못하게 하거나, 주변에 장애물이나 물건을 적재하여 사용이 어렵게 만드는 행위는 금지행위에 해당한다. 따라서 비상구에 잠금장치를 설치하는 행위는 잘못된 설명이다.
※ 참고로 ③의 정신병동과 같이 특수한 상황으로 부득이하게 방화문에 잠금장치를 설치해야하는 경우에는 자동개폐장치를 설치해 화재 등이 감지되면 자동으로 문을 열고 닫을 수 있도록 하거나 24시간 상주 관리인이 있어서 원격조종이 가능하도록 대체하는 방식으로 방화문에 잠금장치를 설치할 수 있다. 따라서 ③이 옳은 설명에 해당한다.

13

단독주택 및 공동주택에 반드시 설치해야 하는 소방시설로 옳게 짝지어진 것은?
① 소화기, 간이소화용구
② 소화기, 옥내소화전설비
③ 소화기, 스프링클러설비
✓④ 소화기, 단독경보형감지기

답 ④

해 단독주택 및 공동주택에 반드시 설치해야 하는 소방시설은 '소화기'와 '단독경보형감지기'이다.

14

다음 중 점화원이 될 수 있는 것을 모두 고른 것은?

㉠ 낙뢰	㉡ 마찰
㉢ 나뭇가지	㉣ 이산화탄소
㉤ 정전기	㉥ 나화

① ㉠, ㉡, ㉣, ㉤
✓② ㉠, ㉡, ㉤, ㉥
③ ㉡, ㉢, ㉤, ㉥
④ ㉡, ㉣, ㉤, ㉥

답 ②

해 점화원이란, 불꽃이 붙도록 활성화에너지를 제공하는 '에너지원'이다. 이러한 점화원이 될 수 있는 것은 ㉠ 낙뢰, ㉡ 마찰, ㉤ 정전기, ㉥ 나화이며 이 외에도 적외선, 충격, 단열압축, 고온표면 등이 있다.
㉢ 나뭇가지는 불이 붙을 수 있는 물질인 가연물이 될 수 있고, ㉣ 이산화탄소는 냉각 및 질식효과가 있어 불을 끄는 소화약제로 쓰인다.

15

다음 중 정전기 예방 대책으로 옳은 것은?
① 접합시설을 설치한다.
② 비전도체 물질을 사용한다.
✓③ 공기를 이온화한다.
④ 습도를 50% 이상으로 유지한다.

답 ③

해 ① 접지시설을 설치해야 하므로 접합시설이라는 설명이 잘못되었다.
② 전도체물질을 사용해야 정전기가 예방되므로 비전도체라는 설명이 잘못되었다.
④ 습도를 70% 이상으로 유지해야 하므로 50%라는 설명이 잘못되었다. 따라서 옳은 것은 ③

16

다음 중 가연물질의 구비조건으로 옳지 않은 것은?
✓① 조연성가스와 친화력이 낮다.
② 산소와 결합 시 발열량이 크다.
③ 열전도율이 작다.
④ 활성화에너지 값이 작다.

답 ①

해 가연물질이 되기 위해서는 활성화에너지 값과 열전도율이 작고, 조연성가스(산소,염소)와의 친화력/산소와 접촉할 수 있는 표면적/산소와 결합했을 때 발열량은 커야한다. 따라서 ①의 설명이 잘못되었다.

17

다음의 설명에 가장 부합하는 것을 고르시오.

〈보기〉
• 가연물이 될 수 없다.
• 불활성기체로 산소와 결합하지 못한다.

① 질소, 질소산화물
✓② 헬륨, 네온, 아르곤
③ 물, 이산화탄소
④ 일산화탄소

답 ②

해 ① 질소, 질소산화물은 가연물이 될 수 없는 물질은 맞지만, 산소와 만나면 흡열반응을 일으키는 물질로 불활성기체에 대한 설명에 부합하지 않는다.
③ 물이나 이산화탄소는 산소와 화학반응을 일으키지 못해 가연물이 될 수 없는데, 〈보기〉의 설명은 산소와 '결합'하지 못하는 성질을 설명하고 있으므로 부합하지 않는다.
④ 일산화탄소는 산소와 반응하는 물질로 가연물이 될 수 있는 물질이므로 옳지 않다. 따라서 산소와 결합하지 않는 불활성기체이면서 가연물이 될 수 없는 것은 헬륨, 네온, 아르곤 등이다.

18

등유에 대한 설명으로 옳은 것을 고르시오.
☑ 등유는 약 39°에서 인화점에 도달한다.
② 등유의 연소점은 인화점보다 약 10° 정도 낮다.
③ 등유의 발화점은 약 120° 정도이다.
④ 등유가 발화점에 도달했을 때 점화원에 의해 불이 붙는다.

답 ①

해 ② 연소점은 연소가 계속 되게 하는 온도로, 불이 붙을 수 있는 최저온도인 인화점보다 약 10° 정도 높다. 따라서 옳지 않은 설명이다.
③, ④ 등유의 발화점은 약 210° 정도이며, 이러한 발화점에 이르면 외부의 점화원 없이도 스스로 발화를 일으킬 수 있으므로 옳지 않은 설명이다. 따라서 옳은 것은 ①

19

다음 중 제거소화에 해당하는 사례로 보기 어려운 것은?
① 산불 진행방향에 있는 나무를 베어 없앤다.
② 촛불을 불어서 끈다.
☑ 가연물에 물을 뿌려 착화온도 이하로 내린다.
④ 가스밸브를 잠근다.

답 ③

해 가연물에 물이나 이산화탄소를 뿌려 착화온도 이하로 열을 빼앗는 것은 냉각소화 방식에 해당하므로 제거소화의 사례로 보기 어렵다. 제거소화란, 가연물 자체를 제거하는 것에 의미가 있으므로 ①, ②, ④번의 사례에 해당한다.

20

연기가 인체에 미치는 영향이 아닌 것은?
① 시야를 감퇴하여 피난 및 소화활동에 방해가 된다.
② 정신적인 긴장이나 패닉상태에 빠져 2차 재해의 우려가 있다.
③ 건축재료 등에 쓰이는 폴리스티렌(스티로폼) 등은 벤젠이라는 가스를 생성한다.
☑ 이산화탄소는 포스겐을 생성하며 산소의 운반기능을 저해한다.

답 ④

해 상온에서 염소와 반응하여 포스겐이라는 유독가스를 생성하며 산소의 운반기능을 저해해 질식에 이를 수 있는 물질은 일산화탄소(CO)이다.
반면, 이산화탄소(CO_2)는 가스 자체로는 독성이 거의 없지만 다량으로 노출되었을 때 호흡이 가빠지면서 혼합된 (다른) 유해 가스의 유입이 늘어나 위험성을 가중시킨다는 차이가 있다. 따라서 ④의 설명에 해당하는 것은 '일산화탄소'이므로 잘못된 설명이다.
※ 〈일산화탄소〉는 가스 자체로 독성 ↔ 〈이산화탄소〉는 가스 자체는 독성이 거의 없으나 다른 유해 가스의 유입량을 증가시킬 수 있어서 위험하다는 차이점을 알기!

21

다음 중 전기화재의 원인이 될 수 있는 것은?
① 누전차단기를 설치했다.
② 고무코드 전선을 사용했다.
③ 전선에 단선이 생겼다.
✓ ④ 과전류가 발생했다.

답 ④

해 전선의 합선이나 단락 등으로 과전류가 발생하면 과부하가 일어 전기화재의 원인이 될 수 있다.
반면, ① 누전차단기 설치나, ② 고무코드 전선 사용은 이러한 전기화재를 예방할 수 있는 예방책이며 ③ 전선에 단선이 생기는 것은 전류가 흐르지 않는 상태가 되는 것이므로 전기화재의 원인으로 보기 어렵다.

22

다음은 위험물에 대한 설명이다. 〈보기〉의 빈 칸에 들어갈 말로 옳은 것만을 고르시오.

〈보기〉
____ 또는 ____을 갖는 물품으로 대통령령으로 지정하여 일정수량 이상으로 제조하거나 취급 및 저장, 운반 시 허가를 받거나 안전관리 사항을 정해 사용에 규제를 두고 관리하는 물품을 위험물이라고 한다.

① 휘발성, 인화성
✓ ② 인화성, 발화성
③ 휘발성, 연소성
④ 인화성, 연소성

답 ②

해 '위험물'은 '인화성' 또는 '발화성'을 갖는 물품으로 〈보기〉의 내용에 기재된 특징을 갖고 있다. 인화성이란 기체 또는 액체의 증기가 공기와 혼합되어 화기 등에 접촉 시 불이 붙거나 연소를 일으키는 성질을 말하고, 발화성이란 자연적으로(스스로) 발화하거나 불이 붙기 쉬운 성질을 말한다. 발화성물질은 물과 접촉 시 발화하거나 가연성가스를 발생시킬 수 있다.

23

다음 각 위험물의 종류에 대한 설명으로 옳은 것을 고르시오.
✓ ① 제1류위험물은 산화성 고체로 가연물질의 산소 공급원이 될 수 있다.
② 제2류위험물은 고온착화의 위험성이 있다.
③ 제4류위험물은 자연발화가 가능하고 물과 반응하는 금수성 물질이다.
④ 제5류위험물은 물보다 가볍고 증기는 공기보다 가볍다.

답 ①

해 ② 제2류위험물은 저온착화의 위험성이 있다. 비교적 낮은 온도(저온)에서도 쉽게 불이 붙을 수 있기 때문에 위험물이라고 이해하면 쉽다. '고온'착화라는 부분이 잘못되었다.
③ 자연발화가 가능하고 물과 반응하기 때문에 금수성 물질로 분류되는 것은 제3류위험물의 특징이므로 잘못된 설명이다.
④ 물보다 가볍고 물에 녹지 않는 것은 제4류 위험물에 대한 설명이며, 증기는 공기보다 무겁다. 따라서 옳지 않은 설명이다.

24

제4류위험물의 성질로 옳은 것을 고르시오.
① 일부는 물과 접촉하면 발열을 일으킨다.
✓ ② 착화온도가 낮은 것은 위험하다.
③ 대부분 주수소화가 적응성이 있다.
④ 물과 혼합하면 가라앉는다.

답 ②

해 ① 일부는 물과 접촉 시 발열을 일으킬 수 있다는 특징을 가진 위험물은 제6류위험물에 대한 설명이므로 옳지 않고, ③ 제4류위험물은 대부분 주수소화가 불가능하기 때문에 잘못된 설명이다. ④ 또한 제4류위험물은 물보다 가볍고 물에 녹지 않기 때문에 물과 혼합하면 가라앉는다는 설명도 잘못되었다. 제4류위험물은 유류를 떠올려보면 이해가 쉽다.

25

다음은 LNG에 대한 설명이다. 빈 칸 A, B에 들어갈 말로 옳은 것을 순서대로 고르시오.

수평 이동 거리	A m(미터)
탐지기 설치 위치	B

	(A)	(B)
①	4	탐지기 상단이 바닥으로부터 상방 30cm이내
②	4	탐지기 하단이 천장으로부터 하방 30cm이내
③	8	탐지기 상단이 바닥으로부터 상방 30cm이내
✓④	8	탐지기 하단이 천장으로부터 하방 30cm이내

답 ④

해 LNG는 비교적 가볍기 때문에 수평 이동 시 8m 거리를 이동할 수 있다. 따라서 A는 8.
마찬가지로 가벼운 LNG는 위로 떠올라 천장에 체류하기 때문에 탐지기 설치 위치는 탐지기의 하단이 천장으로부터 하방 30cm 이내가 되도록 설치해야 한다. 따라서 ④가 옳다.

26

응급처치의 중요성으로 보기 어려운 것을 고르시오.
① 환자의 고통을 경감하고 생명을 유지할 수 있도록 돕는다.
② 의료비를 절감하는 효과를 기대할 수 있다.
✓③ 환자의 질병을 예방할 수 있다.
④ 치료기간을 단축할 수 있다.

답 ③

해 응급처치의 중요성은 환자의 고통 경감, 생명 유지, 치료기간 단축, 의료비 절감 효과 등이 있다. 응급처치는 의료계 종사자가 아니더라도 응급상황에서 최소한의 생명 유지를 위해 긴급하게 이루어지는 기본처치로, 질병을 사전에 예방하는 효과까지는 기대하기 어렵기 때문에 ③이 옳지 않다.

27

일반인 구조자의 소생술 흐름에서 빈 칸에 들어갈 말로 옳은 것을 고르시오.

1. 환자 발견(환자 반응 없음 확인)
2. 119에 신고 및 자동심장충격기 요청(준비)
3. 환자 상태 확인: _____(맥박 및 호흡 정상 여부 판별은 10초 이내)
4. 가슴압박 시행
5. 자동심장충격기 음성지시에 따라 사용
6. 자동심장충격기의 심장리듬분석 결과에 따라 심장충격 또는 가슴압박 반복하며 구조를 기다릴 것.

✓① 무호흡 또는 비정상호흡
② 무산소호흡 또는 개구호흡
③ 무호흡 또는 개구호흡
④ 유호흡 또는 단발적호흡

답 ①

해 일반인 구조자의 소생술 흐름에서 환자의 상태를 확인하는 단계에서는 무호흡 또는 비정상호흡(심정지 호흡) 상태인 것을 확인해야 한다. 그 외에 보기 ②~④에 제시된 내용은 소생술 흐름과 무관하다.

28

화상에 대한 설명으로 옳지 않은 것은?
① 표피화상은 부종, 홍반 등의 증상이 동반된다.
② 모세혈관이 손상되는 화상의 증상은 발적, 수포, 진물 등이 있다.
✓③ 부분층화상은 피하지방이 손상을 입는다.
④ 전층화상은 통증이 없다.

답 ③

해 부분층화상은 2도화상으로 모세혈관이 손상되고, ③의 피하지방 및 근육층이 손상을 입는 화상은 3도 전층화상에 대한 설명이므로 옳지 않다.

29

소방계획의 주요 원리에 대한 설명으로 옳지 않은 것은?
① 종합적 안전관리 단계에서 예방·대비, 대응, 복구 단계를 고려하여 위험성을 평가한다.
✓② 지속적 발전모델 단계에서는 계획, 운영, 개선의 PDA 사이클이 이루어진다.
③ 통합적 안전관리의 주내용에는 안전관리 네트워크의 구축이 포함된다.
④ 종합적 안전관리, 통합적 안전관리, 지속적 발전모델 등이 기본원리로 구성되어야 한다.

답 ②

해 지속적 발전모델 단계에서는 계획(Plan), 운영(Do), 모니터링(Check), 개선(Act)의 PDCA 사이클이 이루어진다. ②의 설명에서 모니터링 단계가 빠졌으므로 옳지 않은 설명이다.

30

소방계획서 작성 시 고려해야 하는 사항으로 옳은 설명을 고르시오.

① ✓ 관계인이 모두 참여하여 개선조치 및 요구사항을 반영할 수 있도록 해야 한다.
② 계획우선의 원칙을 따라야 한다.
③ 작성 - 검토 - 승인의 균형화 단계를 거쳐야 한다.
④ 소방계획서는 1사분기에 당 해 소방계획을 수립한다.

답 ①

해 ② 소방계획서 작성 시 실현 가능한 계획, 실행을 우선에 둔 계획을 세워야 하므로 옳지 않은 설명이다.
③ 작성 - 검토 - 승인의 '구조화' 단계를 거쳐야 하므로 옳지 않다.
④ 소방계획서는 4사분기에 다음 해 소방계획을 수립하는 것이 원칙이므로 옳지 않은 설명이다. 따라서 옳은 것은 ①

31

다음 소방계획의 수립절차 단계 표를 참고하여 각 단계를 순서대로 나열하시오.

ㄱ	ㄴ	ㄷ	ㄹ
위험환경 분석	설계/개발	사전기획	시행/유지관리
위험요인을 파악하고 분석 및 평가를 통해 대책을 수립한다.	전체적인 소방계획의 목표 및 전략을 세워 실행 계획을 수립한다.	관계자들의 의견을 수렴하고 요구사항을 검토하는 등 준비하고 계획을 수립하는 단계.	검토를 거쳐 시행하고 유지관리하는 단계.

① ㄴ - ㄱ - ㄷ - ㄹ
② ㄴ - ㄷ - ㄱ - ㄹ
③ ✓ ㄷ - ㄱ - ㄴ - ㄹ
④ ㄷ - ㄴ - ㄱ - ㄹ

답 ③

해 소방계획의 수립절차는 1단계 사전기획, 2단계 위험환경분석, 3단계 설계/개발, 4단계 시행/유지관리 등의 4단계로 구성된다. 따라서 각 단계를 순서대로 나열한 것은 ③

32

화재대응 및 피난행동 요령으로 옳지 않은 것을 고르시오.
① 화재로 인한 피난 시 엘리베이터는 절대로 이용하지 않는다.
② 화재 신고 시 소방기관의 확인이 완료되기 전까지 전화를 끊지 않도록 한다.
✓③ 화재전파 시 연기를 흡입하지 않도록 육성으로 전파하는 행동은 하지 않는다.
④ 화재 시 아래층으로 대피가 불가하다면 옥상으로 대피해야 한다.

답 ③

해 ③의 육성 전파 방식도 화재전파 방식 중 하나이다. 화재 발생 시 화재경보장치(발신기)를 눌러 경보를 울리거나, "불이야!"라고 육성으로 외치며 화재 상황을 전파할 수 있도록 해야 하므로 잘못된 설명이다.

33

자위소방대 및 초기대응체계 구성에 대한 내용으로 옳은 것을 고르시오.
① 지구대 구역(Zone) 설정 시 주차장, 공장, 강당 등은 별도의 구역으로 설정해야 한다.
② 초기대응체계는 응급상황 발생 시에만 일시적으로 운영한다.
③ 자위소방대 인력편성 시 각 팀별로 최소 편성 인원은 1명 이상으로 해야 한다.
✓④ 초기대응체계 편성 시 한명 이상은 수신반에 근무하며 지휘통제가 가능해야 한다.

답 ④

해 ① 지구대 구역(Zone) 설정 시 주차장, 공장, 강당 등 비거주용도는 구역설정에서 제외하므로 옳지 않은 설명이다.
② 초기대응체계는 소방안전관리대상물을 이용하는 동안 상시적으로 운영해야 하므로 옳지 않은 설명이다.
③ 자위소방대 인력편성 시 각 팀별로 최소 편성 인원은 2명 이상이어야 하며 각 팀별로 팀장(책임자)을 지정해 운영해야 하므로 옳지 않은 설명이다. 예를 들어, 초기소화팀이나 피난유도팀을 생각해본다면, 한 팀에서 단 한명의 인원으로는 초기소화나 피난유도가 어려울 수 있기 때문에 최소 책임자 한명에 보조 인원 한명, 이렇게 '최소 2명 이상'이 한 팀에 구성되어야 한다는 점을 생각해볼 수 있다. 따라서 옳은 설명은 ④

34

다음 중 화재 시 일반적인 피난 행동으로 옳은 것만을 모두 고르시오.

A. 유도등 및 유도표지가 가리키는 방향을 따라 대피한다.
B. 청각장애인의 경우 손전등과 같은 조명을 적극 활용하는 것이 효과적이다.
C. 계단 등의 대피로를 이용하기보다 피난구조설비를 우선 사용한다.
D. 출입문을 열기 전, 문 손잡이가 뜨거우면 옷 소매 등으로 감싸 문을 연다.
E. 탈출한 후에는 화재 발생 건물로 다시 출입하지 않는다.

✓① A, B, E
② A, C, D
③ A, B, D, E
④ A, E

답 ①

해 C. 피난구조설비는 대피가 불가능하거나 몹시 어려울 때 차선책으로 활용하는 수단이므로 옳지 않은 설명이다.
D. 출입문을 열기 전, 문 손잡이가 뜨거운 상태라면 이미 바깥쪽에도 화기가 있을 위험성이 있으므로 문을 열지 않고 다른 길을 찾는 것이 효과적이므로 옳지 않은 설명이다.
따라서 옳은 것은 A, B, E로 ①

35

소방교육 및 훈련의 실시원칙 중 동기부여의 원칙에 해당하지 않는 것을 고르시오.
① 적절한 스케줄을 고려하여 배정해야 한다.
✓② 한 번에 한 가지씩, 쉬운 것에서 어려운 것 순으로 교육한다.
③ 교육에 재미를 부여하고, 다양성을 활용하도록 한다.
④ 초기성공에 대해서 격려가 필요하다.

답 ②

해 ②의 내용은 소방교육 및 훈련의 실시원칙 중 '학습자 중심의 원칙'에 해당한다. 학습자 중심의 원칙, 동기부여의 원칙 외에 목적의 원칙, 현실의 원칙, 실습의 원칙, 경험의 원칙, 관련성의 원칙 등이 소방교육 및 훈련의 실시원칙에 포함된다.

36

옥내소화전의 가압송수장치 중 자연낙차압을 이용하는 방식은 무엇인가?
① 압력수조방식
② 가압수조방식
✓③ 고가수조방식
④ 펌프방식

답 ③

해 낙차압이란, 높은 곳에서 낮은 곳으로 물이 떨어지면서 발생하는 압력을 이용하는 방식을 의미한다. 이러한 자연낙차압을 이용하는 것은 고가수조방식으로, 규정된 방수압 이상을 얻을 수 있는 높이에 수조를 설치해야 하기 때문에 일반 건물에서는 사용하기 어렵다는 특징이 있다.

37

다음 그림에 대한 설명으로 옳은 것을 고르시오.

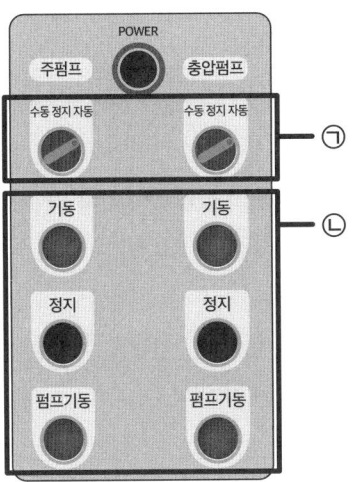
동력제어반 MCC

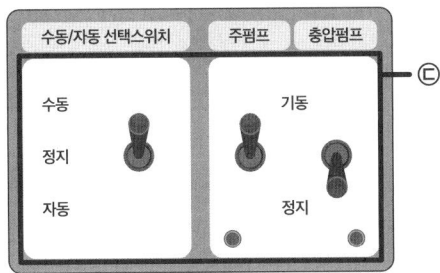
감시제어반(수신기)

① 평상 시 동력제어반의 선택스위치를 ㉠의 상태로 관리하는 것은 옳지 않다.
② 동력제어반의 ㉡ 점등 상태로 보아 화재 발생 시 펌프가 자동으로 기동되지 않을 것이다.
③ 수신기의 스위치 위치가 ㉢과 같다면 화재발생 시 충압펌프만 기동될 것이다.
✓④ 평상 시 ㉢의 상태로 관리하는 행위는 200만 원 이하의 과태료에 해당한다.

답 ④

해 ①, ② 평상 시 동력제어반과 감시제어반의 스위치 위치는 [정지] – [자동]이 옳다. 따라서 ㉠과 ㉡은 모두 옳게 위치한 상태이며, 화재가 발생하면 자동으로 펌프가 기동될 것이므로 ①, ②의 설명은 옳지 않다.
③ 수신기의 충압펌프 스위치 위치가 [수동] – [정지]에 있으므로 화재발생 시 충압펌프는 자동으로 기동되지 않을 것이다. 따라서 충압펌프만 기동될 것이라는 추측은 옳지 않은 설명이다.
※ 참고로 평상시 스위치 위치가 ㉢처럼 관리되면 화재상황 발생 시 펌프 및 설비가 제대로 작동하지 않기 때문에 200만원 이하의 과태료에 해당한다.

38

각 소화설비에 대한 설명 중 옳은 것을 고르시오.
① 옥내소화전설비의 적정 방수압력은 0.12Mpa 이상 0.7Mpa 이하이며 측정 시 피토게이지를 사용한다.
② 옥외소화전설비의 방수량은 350L/sec이다.
✓③ 할론 1301 소화기에는 지시압력계가 없다.
④ 폐쇄형스프링클러설비는 감열체가 없다.

답 ③

해 ① 옥내소화전설비 방수압력 측정계는 피토게이지가 맞지만, 적정 방수압력은 0.17 이상 0.7Mpa 이하이므로 옳지 않다.
② 옥외소화전설비의 방수량은 350L/min으로 분당 기준이 적용되기 때문에 sec로 표기한 부분이 잘못되었다.
④ 감열체가 없는 것은 개방형스프링클러설비의 특징이므로 잘못된 설명이다.

39

스프링클러설비에 대한 설명으로 옳은 것을 고르시오.

① 습식스프링클러는 화재가 발생하면 경종 및 사이렌이 먼저 작동된다.
② 준비작동식스프링클러는 화재가 발생하면 가장 먼저 헤드가 개방되고 방수된다.
③ 건식스프링클러의 2차측 배관 내부는 가압수로 채워져있다.
✓ ④ 일제살수식스프링클러는 감지기를 별도로 설치해야 한다.

답 ④

해 ①, ② 화재가 발생하면 헤드가 개방되어 방수가 이루어지는 설비는 습식스프링클러, 감지기 A 또는 B가 화재를 감지하면 경종 및 사이렌을 먼저 작동하는 것은 준비작동식스프링클러에 대한 설명이므로 잘못된 설명이다.

③ 건식스프링클러의 2차측 배관 내부는 압축공기로 채워져 있으며, 가압수가 채워진 설비는 습식의 특징이므로 잘못된 설명이다.

40

다음 중 준비작동식스프링클러 점검 시 A or B 감지기가 작동했을 때 확인 가능한 사항으로 옳은 것만을 모두 고르시오.

ㄱ. 경종 및 사이렌 경보가 작동하는지 확인한다.
ㄴ. 배수밸브에서 배수가 되는지 확인한다.
ㄷ. 밸브개방등이 점등되는지 확인한다.
ㄹ. 화재표시등과 지구표시등이 점등되는지 확인한다.
ㅁ. 솔레노이드밸브가 작동하고 펌프가 자동으로 기동되는지 확인한다.

① ㄱ, ㄷ
✓ ② ㄱ, ㄹ
③ ㄱ, ㄴ, ㄷ, ㄹ
④ ㄱ, ㄷ, ㄹ, ㅁ

답 ②

해 준비작동식스프링클러 점검 시 A or B(A 또는 B) 감지기 둘 중 하나만 작동했을 경우를 묻고 있으므로, 이 때는 화재표시등(불이 난 것을 확인), 지구표시등(어느 위치인지 확인)에 점등이 되는지를 확인하고, 우선 대피를 위해 경종 및 사이렌 경보가 작동하는지를 확인할 수 있다. 따라서 옳은 것은 ㄱ과 ㄹ이며, 나머지는 A and B(A와 B)감지기가 모두 작동했을 때 확인하는 사항이다.

41

가스계 소화설비의 주요 구성으로 옳은 것을 모두 고르시오.

> ㄱ. 솔레노이드밸브
> ㄴ. 방출표시등
> ㄷ. 선택밸브
> ㄹ. 프리액션밸브
> ㅁ. 압력스위치
> ㅂ. 수동조작함

① ㄱ, ㄴ, ㄷ, ㅂ
② ㄱ, ㄴ, ㅁ, ㅂ
③ ㄱ, ㄴ, ㄷ, ㅁ, ㅂ ✓
④ ㄱ, ㄴ, ㄷ, ㄹ, ㅁ, ㅂ

답 ③

해 프리액션밸브는 준비작동식 스프링클러설비의 유수검지장치로, 가스계 소화설비의 주요 구성에 포함되지 않는다. 따라서 ㄹ을 제외하고 모두 가스계 소화설비의 주요 구성부에 속하므로 ③이 옳다.

42

그림을 참고하여 해당 설비에 대한 설명으로 옳은 것을 고르시오.

〈그림〉

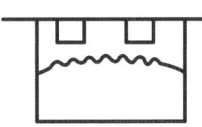 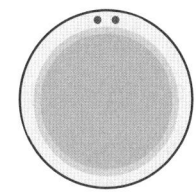

① 주방이나 보일러실에 적응성이 있다.
② 다이아프램, 리크구멍, 접점 등으로 이루어져있다. ✓
③ 주변 온도가 일정온도 이상으로 상승하면 작동하는 원리이다.
④ 이온화식스포트형, 광전식스포트형으로 구분할 수 있다.

답 ②

해 그림은 차동식 열감지기를 나타내고 있으므로 옳은 설명은 ②. ①, ③번은 정온식 열감지기에 대한 설명이며 ④번은 연기감지기에 대한 설명이다.

43

경계구역에 대한 설명으로 옳은 것만을 모두 고르시오.

> ⓐ 하나의 경계구역에는 2개 이상의 건축물을 포함할 수 없다.
> ⓑ 예외적으로 2개 층 면적의 합이 500m² 이하면 하나의 경계구역이 될 수 있다.
> ⓒ 출입구에서 내부 전체가 보이는 시설의 경계구역은 한 변의 길이를 70m 이하로 하고 1,000m² 이하로 설정할 수 있다.
> ⓓ 지하구는 면적 700m² 이하의 기준이 적용된다.

① ⓐ, ⓑ ✓
② ⓐ, ⓓ
③ ⓐ, ⓑ, ⓓ
④ ⓐ, ⓑ, ⓒ, ⓓ

답 ①

해 ⓒ 출입구에서 내부 전체가 보이는 시설의 경계구역은 한 변의 길이를 50m 이하로 하고 1,000m² 이하로 설정할 수 있다. 따라서 70m라고 서술한 부분이 잘못되었고, ⓓ 지하구는 면적이 아니라 길이를 기준으로 700m 이하의 기준이 적용되므로 잘못된 설명이다. 따라서 옳은 것은 ⓐ, ⓑ

44

피난구조설비의 설치장소 및 기구별 적응성으로 옳지 않은 것을 고르시오.

① 다중이용업소의 4층 이하에서 피난트랩은 적응성이 없다.
② 의료시설 중 입원실이 있는 의원 등의 3층에는 피난사다리가 적응성이 있다. ✓
③ 노유자시설에서 구조대가 적응성이 있는 높이는 1층 이상, 3층 이하이다.
④ 공동주택에 적응성이 있는 피난구조설비는 공기안전매트이다.

답 ②

해 근린생활시설, 의료시설 중 입원실이 있는 의원 등에서는 층의 구분 없이 사다리가 적응성이 없는 설비이므로 옳지 않은 설명이다.

45

다음 각 유도등의 설치기준으로 옳지 않은 것을 고르시오.

① 피난구유도등은 피난구의 바닥으로부터 1.5m 이상 높이에 설치한다.
② 거실통로유도등은 바닥으로부터 1.5m 이상 높이에 설치한다.
③ 계단통로유도등은 천장으로부터 1m 이하 높이에 설치한다. ✓
④ 복도통로유도등은 바닥으로부터 1m 이하 높이에 설치한다.

답 ③

해 계단통로유도등의 설치기준은 천장이 아닌 바닥으로부터 1m 이하 높이에 설치해야하므로 옳지 않은 설명이다.

46

3선식 유도등이 자동으로 점등되는 경우가 아닌 것은?
① 정전이 되거나 전원선이 단선된 경우
② 방재업무를 통제하는 곳에서 수동으로 점등한 경우
✓③ 온도감지센서가 사람의 움직임을 인식한 경우
④ 누군가가 발신기를 작동시킨 경우

답 ③

해 3선식 유도등은 평상시 꺼져있다가 필요시 자동으로 점등된다는 특징을 갖고 있다. 이 때 자동화재탐지설비의 감지기 또는 발신기, 비상경보설비의 발신기가 작동하거나 자동소화설비가 작동한 경우, 정전 또는 전원선이 단선된 경우, 점검 등을 위해 수동으로 점등한 경우 등의 상황에서 자동으로 점등되지만, ③의 경우는 해당하지 않는다.

47

옥내소화전 사용방법을 순서대로 나열한 것을 고르시오.

㉠ 호스 풀어서 화점으로 이동
㉡ 밸브를 시계방향으로 돌림
㉢ 노즐잡고 밸브를 시계반대방향으로 돌림
㉣ 함 개방
㉤ 펌프 정지 및 호스 건조, 정리

① ㉣ - ㉡ - ㉠ - ㉢ - ㉤
② ㉣ - ㉢ - ㉠ - ㉡ - ㉤
③ ㉣ - ㉠ - ㉡ - ㉢ - ㉤
✓④ ㉣ - ㉠ - ㉢ - ㉡ - ㉤

답 ④

해 이 문제에서 중요한 점은, 밸브개방 시 시계반대방향으로 돌린다는 것을 정확히 알아야 한다는 점이다. 따라서 함 개방 - 호스 풀어서 화점으로 이동 - 노즐부분을 잡고 밸브를 시계반대방향으로 돌려 '개방'하여 방수가 이루어지고 - 밸브를 다시 시계방향으로 돌려 '폐쇄' - 펌프 정지 및 호스 건조, 정리 순서로 나열할 수 있다. 따라서 옳은 것은 ④

48~50

다음 작동기능점검표 및 소방계획서를 참고하여 물음에 답하시오.

1. 일반현황

명칭	인정빌딩
규모 및 구조	• 연면적:84,000m² • 층수:지상 12층/지하 3층 • 높이:54m • 용도:전시장, 근린생활시설, 판매시설
인원 현황	• 근무인원:502명(상시 근무자 8명 포함) • 상시 근무인원 현황(해당없는 자는 표기하지 않음) 1. 고령자:0 2. 장애인:1 3. 영유아:0

2. 소방시설 일반현황(일부분 발췌)

구분	설비		점검결과
소화 설비	[V] 소화기구	[V] 소화기	O
	[V] 자동소화설비		O
	[V] 옥내소화전		O
	[V] 스프링클러설비		O
	[V] 물분무소화설비		O
경보 설비	[V] 열감지기		X
	[V] 연기감지기		O
	[V] 자동화재탐지설비		O
	[V] 싸이렌		O

◎ 점검기간: 2021년 11월 15일부터 2021년 11월 29일 까지

◎ 점검자: ㈜제일소방

3. 자체점검(완료)

구분	설비	점검결과
작동기능 점검	(A)	[ ] 자체 [V] 외주
종합정밀 점검	2021년 11월 15일 ~ 11월 29일	[ ] 자체 [V] 외주

48

위 내용 중 '3.자체점검'에 대한 설명으로 옳은 것을 고르시오.

① 인정빌딩의 건축물 사용승인이 이루어진 달은 5월이었을 것이다.

② 인정빌딩의 작동기능점검은 관계인 및 소방안전관리자를 통해 이루어졌다.

③ (A)는 2021년 6월이었을 것이다.

✓④ 인정빌딩의 다음 점검은 작동기능점검으로 2022년 5월에 실시할 것이다.

답 ④

해 ① 인정빌딩은 종합정밀점검까지 실시해야하는 대상물로, 종합정밀점검은 사용승인일이 속하는 달에 실시한다. 따라서 인정빌딩의 건축물 사용승인은 11월이었을 것으로 예상할 수 있으므로 옳지 않은 설명이다.

② 인정빌딩의 작동기능점검의 점검방식은 외주에 체크되어 있으므로 소방시설관리업자를 통해 이루어졌음을 알 수 있다. 따라서 옳지 않은 설명이다.

③ 인정빌딩은 종합정밀점검까지 실시해야하는 대상물로 종합정밀점검이 먼저 이루어진 후, 6개월 후에 작동기능점검을 실시한다. 따라서 (A)는 2021년 5월이었을 것이므로 옳지 않은 설명이다(사용승인 11월-종합:20년 11월-(6개월).-작동:21년 5월-종합:21년 11월)

49

인정빌딩에 대한 설명으로 옳지 않은 것을 고르시오.

✓① 특급소방안전관리대상물이다.
② 소방안전관리자 및 소방안전관리보조자를 최소 5명 이상 선임해야 한다.
③ 상시 근무인원 중 재해약자가 포함되어 있다.
④ 공동소방안전관리자 선임 대상물이다.

답 ①

해 ① 인정빌딩은 1급소방안전관리대상물이므로 옳지 않은 설명이다.
② 인정빌딩은 연면적 15,000m² 이상이므로 소방안전관리보조자를 선임해야 하는 대상물이다. 따라서 연면적 84,000m² ÷ 15,000m² = 5.6 이므로 소방안전관리자 및 소방안전관리보조자를 최소 5명 이상 선임해야 하는 것이 맞다.
③ 장애인 1명이 포함되어 있으므로 옳은 설명이다.
④ 지하를 제외한 11층 이상의 고층건축물이기도 하고, 권원이 분리되어 있으므로 공동소방안전관리 대상물이 맞다.

50

아래 표는 인정빌딩의 '2. 소방시설 일반현황'에 따른 소방시설등 불량 세부사항이다. 두 자료를 참고하여 인정빌딩의 소방시설에 대한 설명으로 옳은 것을 고르시오(단, 이 때 설비의 개수와 설치 위치는 고려하지 않는다.).

구분	점검항목	점검내용
경보설비 (열감지기)	열감지기 점검	• LED 점등 여부 확인 • 전압 확인

점검결과		
① 결과	② 불량내용	③ 조치
LED 점등 여부 확인	X	(B)
전압 확인	○	/

① 연기감지기에서 문제가 확인되었다.
② 열감지기 점검 결과 LED는 정상적으로 점등되었다.
✓③ (B)에는 '감지기 교체 필요'라는 내용을 기재할 수 있다.
④ 열감지기의 전압에 문제가 있으므로 회로를 보수하는 것이 효과적이다.

답 ③

해 ① 소방시설 일반현황에서 연기감지기의 점검결과는 ○이므로 정상이었을 것이다. 따라서 옳지 않은 설명이다.
② 열감지기 점검 결과에서 LED 점등 여부 불량내용이 X이므로 LED 점등이 제대로 작동하지 않는 불량 상태였음을 확인할 수 있다(○ 양호, X 불량, / 해당없음). 따라서 옳지 않은 설명이다.
④ 열감지기의 전압 확인의 점검 결과는 ○로 정상이므로 현재 열감지기는 정격전압의 80% 이상 출력되고 있을 것이다. 그럴 경우 회로는 정상이나, 감지기 자체가 불량일 수 있으므로 회로를 보수하는 것보다는 감지기를 교체하는 것이 효과적이다. 따라서 옳은 것은 ③

MEMO

찐 스포일러 봉투모의고사

소방안전관리자 2급

해설집 2회

해설집 2회

정답

01	③	02	②	03	①	04	②	05	①
06	③	07	②	08	④	09	④	10	①
11	③	12	③	13	①	14	②	15	③
16	④	17	③	18	①	19	④	20	②
21	③	22	④	23	②	24	③	25	①
26	③	27	①	28	②	29	③	30	①
31	③	32	②	33	④	34	④	35	①
36	①	37	③	38	②	39	②	40	①
41	②	42	③	43	②	44	①	45	④
46	③	47	②	48	①	49	④	50	③

01

> 소방용어에 대한 설명으로 옳은 것을 고르시오.
> ① 특정소방대상물이란 소화시설을 설치하도록 대통령령으로 정한 소방대상물이다.
> ② 관계인은 소방대상물의 소유자, 관계자, 점유자를 뜻한다.
> ✓ ③ 위급상황 발생 시 소방대를 지휘하는 사람을 소방대장이라고 한다.
> ④ 소방공무원, 자위소방대, 의용소방대원 등의 조직체를 묶어 소방대라고 한다.

답 ③

해 ① '소화시설'이 아니라 '소방시설'을 설치하도록 정한 소방대상물을 특정소방대상물이라고 하므로 옳지 않다.
② 관계인은 소유자, '관리자', 점유자이므로 옳지 않다.
④ 화재 진압 및 위급상황 발생 시 구조 및 구급활동을 위해 구성된 조직체인 '소방대'에는 소방공무원, 의무소방원, 의용소방대원이 포함된다. 따라서 자위소방대라고 서술한 부분이 잘못되었다.

02

무창층에 대한 설명으로 옳은 것만을 모두 고르시오.

> ㉮ 지하층 중에서 개구부 면적의 총합이 해당 층 바닥면적의 1/30 이하인 층이다.
> ㉯ 개구부의 크기는 지름 50cm 이상의 원이 내접할 수 있는 크기여야 한다.
> ㉰ 개구부의 상단이 해당 층 바닥으로부터 1.2m 이하의 높이에 위치해야 한다.
> ㉱ 개구부는 주차장이나 공터와 같은 빈터를 향해있어야 한다.
> ㉲ 개구부는 쉽게 부서지면 안된다.

① ㉮, ㉰
✓② ㉯, ㉱
③ ㉮, ㉯, ㉰, ㉱
④ ㉯, ㉰, ㉱, ㉲

답 ②

해 ㉮ '지하층'이 아닌 '지상층' 중에서 해당 조건에 부합하면 무창층으로 정의하므로 옳지 않은 설명이다.
㉰ 개구부의 '하단(밑부분)'이 해당 층 바닥으로부터 1.2m 이하의 높이에 위치해야 하므로 '상단'이라고 표기한 부분이 잘못되었다.
㉲ 무창층의 개구부는 탈출이 용이해야 하므로 쉽게 부술 수 있어야 한다. 따라서 옳지 않은 설명이다.
옳은 것은 ㉯, ㉱

03

한국소방안전원의 설립목적과 업무로 옳지 않은 것은?

✓① 소방기술의 향상 및 소방안전관리 설비 개발
② 대국민 홍보를 위한 간행물 발간
③ 국제협력 및 안전관리 기술 향상
④ 회원에게 기술 지원

답 ①

해 소방기술의 향상은 목적이 맞지만, 소방안전관리 설비의 개발은 한국소방안전원의 목적이나 업무에 포함되지 않으므로 옳지 않다.

04

다음 중 소방안전관리 업무대행이 가능한 소방안전관리대상물을 모두 고르시오.

> ⓐ 지상으로부터 높이가 250m의 아파트
> ⓑ 옥내소화전이 설치된 5층 이하 특정소방대상물
> ⓒ 아파트가 아니고, 연면적 8,000m²이면서 높이가 11층인 1급소방대상물
> ⓓ 연면적 30,000m²인 전시장

① ⓑ
✓② ⓑ, ⓒ
③ ⓐ, ⓑ, ⓒ
④ ⓑ, ⓒ, ⓓ

답 ②

해 소방안전관리 업무 중 일부 업무에 대한 소방안전관리 업무대행이 가능하도록 대통령령으로 지정한 소방안전관리대상물은 2급, 3급소방대상물과 1급 중에서는 아파트를 제외하고 연면적 15,000m²미만이면서 11층 이상인 특정소방대상물은 업무대행이 가능하다. 따라서 ⓒ는 업무대행이 가능한 소방대상물이다. 단, 연면적 15,000m²를 초과하는 1급 대상물이나, 특급소방대상물은 업무대행이 불가하다.

ⓐ 지상으로부터 높이가 250m의 아파트는 특급, ⓓ 연면적 30,000m²인 전시장은 위 조건에 부합하지 않는 1급이므로 업무대행이 불가하다.

※ 참고로 ⓑ는 2급소방대상물이므로 업무대행이 가능하다.

05

소방안전관리자 현황표에 반드시 명시해야 하는 정보가 아닌 것은?
① ✓ 소방안전관리대상물의 사용승인일
② 소방안전관리대상물의 등급
③ 소방안전관리자 선임일자
④ 소방안전관리대상물의 명칭

답 ①

해 소방안전관리대상물의 사용승인일은 현황표에 명시해야 하는 내용이 아니다. ②, ③, ④의 내용 외에도 소방안전관리자의 연락처와 성명 등을 명시해야 한다.

06

소방안전관리자 및 소방안전관리보조자 선임에 대한 설명으로 옳은 것은?
① 위험물안전관리자 강습교육을 수료한 자는 소방안전관리보조자로 바로 선임 가능하다.
② 소방공무원 근무 경력이 1년 이상인 자는 3급소방안전관리자 시험 응시자격만 주어진다.
③ ✓ 위험물산업기사 또는 위험물기능사 자격 보유자는 2급소방안전관리자로 바로 선임 가능하다.
④ 소방공무원 근무 경력이 10년 이상인 자는 특급소방안전관리자로 바로 선임 가능하다.

답 ③

해 ① 위험물안전관리자 강습교육을 수료한 것만으로는 소방안전관리보조자 선임자격을 얻을 수 없으므로 옳지 않은 설명이다. 소방안전관리보조자 선임자격은 공공기관, 특, 1, 2, 3급 소방안전관리에 관한 강습교육을 수료한 자에게 주어진다.
② 소방공무원 근무 경력이 1년 이상인 자는 3급소방안전관리자로 바로 선임이 가능하므로 옳지 않다.
④ 소방공무원 근무 경력이 10년 이상인 자는 특급소방안전관리자 시험 응시 자격만 주어지므로 옳지 않은 설명이다.

07

다음 중 소방특별조사를 위한 합동조사반으로 편성할 수 있는 기관은?
① 한국수도공사
② ✓ 한국전기안전공사
③ 한국시설안전공단
④ 한국전력공사

답 ②

해 소방특별조사를 위한 합동조사반 편성 시 ②한국전기안전공사 외에도 한국소방안전원, 한국소방산업기술원, 한국화재보험협회, 한국가스안전공사, 시·군·구 행정기관 등이 있다.

08~09

〈보기〉를 참고하여 물음에 답하시오.

〈보기〉
가. 화재조사를 수행하면서 알게 된 비밀을 타인에게 누설한 관계공무원에 처하는 벌칙
나. 소방자동차 전용구역에 주차한 행위에 처하는 벌칙
다. 소방안전관리자 및 소방안전관리보조자 미선임 시 처하는 벌칙
라. 피난명령을 위반한 자에 처하는 벌칙
마. 소방안전관리자 선임 신고를 하지 않은 자에 처하는 벌칙

08

〈보기〉에서 양벌규정이 가능한 벌칙의 기호를 모두 고르시오.
① 나, 마
② 다, 라
③ 가, 나, 마
✔④ 가, 다, 라

답 ④

해 가 = 300만원 이하의 벌금
나 = 100만원 이하의 과태료
다 = 300만원 이하의 벌금
라 = 100만원 이하의 벌금
마 = 200만원 이하의 과태료이다.
양벌규정은 벌금형에 한하여 부과될 수 있으므로 벌금에 해당하는 가, 다, 라가 양벌규정이 가능하다.

09

〈보기〉의 벌금형 중에서 벌과금이 다른 하나는?
① 가
② 나
③ 다
✔④ 라

답 ④

해 가 = 300만원 이하의 벌금, 나 = 100만원 이하의 과태료, 다 = 300만원 이하의 벌금, 라 = 100만원 이하의 벌금인데 '나.'는 벌금형이 아니기 때문에 해당사항이 없고, '가.'와 '다.'가 300만원 이하의 벌금으로 벌과금이 같지만 '라.'는 100만원 이하의 벌금이므로 벌과금이 다르다. 따라서 벌금형 중 벌과금이 다른 하나는 '라.'

10

화재로 오인할 우려가 있는 불을 피우거나 연막소독을 실시하고자 하는 자가 미리 신고를 하지 않아 소방자동차를 출동하게 했을 시, 20만원 이하의 과태료가 부과될 수 있는 지역 또는 장소로 옳지 않은 것을 고르시오.
✔① 공동주택이 밀집한 지역
② 공장 및 창고가 밀집한 지역
③ 시장지역
④ 석유화학제품 생산 공장이 있는 지역

답 ①

해 이 문제의 20만원 이하의 과태료에 해당하는 지역에 ① 공동주택이 밀집한 지역은 포함되지 않는다.
②, ③, ④ 외에도 목조건물이 밀집한 지역, 위험물의 저장 및 처리시설이 밀집한 지역이 해당 기준에 포함된다.

11

방염에 대한 설명으로 옳지 않은 것을 고르시오.
① 11층 이상의 아파트는 방염성능 기준 이상의 실내장식물 설치 장소에서 제외된다.
② 종이벽지는 방염대상물품에서 제외된다.
✓③ 방염의 목적은 피난시간을 확보하고, 연소최소화를 방지하는 것이다.
④ 의료시설, 노유자시설에서 사용하는 침구류는 방염처리된 제품 사용을 권장한다.

답 ③

해 ③은 그럴싸하게 써놨지만, '연소최소화를 방지한다'는 부분이 연소를 최소화해야 하는 방염의 목적과는 정반대되는 의미이므로 잘못되었다. 방염의 목적은 연소확대를 방지하고 재산피해를 최소화하며 피난시간을 확보하는 데에 있다.

12

아래 내용을 참고하여 김남극씨가 언제까지 실무교육을 이수해야 하는지 가장 타당한 날짜를 고르시오.

- 이름:김남극
- 강습수료일:2020년 2월 5일
- 자격취득일:2020년 4월 17일
- 선임일자:2021년 1월 19일

① 2021년 7월 18일
② 2022년 1월 18일
✓③ 2022년 2월 4일
④ 2022년 4월 16일

답 ③

해 김남극씨는 강습 수료를 20년 2월에 마쳤고, 그로부터 1년 이내인 21년 1월에 선임되었으므로 강습수료일을 기준으로 2년 후가 되기 하루 전까지 실무교육을 이수하면 된다. 따라서 2022년 2월 4일까지 실무교육을 이수하면 된다.
※ 자격취득일 또는 시험 합격일은 실무교육 이수 시 고려하는 사항이 아니므로 헷갈리지 않도록 주의!

13

건축허가등의 동의에 대한 설명으로 옳은 것을 고르시오.
✓① 건축허가등의 동의권자는 공사시공지 또는 관할 소방서장 및 본부장이다.
② 건축허가등의 동의대상은 신축, 증축, 개축, 재축, 이전, 철거, 대수선 등이 있다.
③ 학교시설은 연면적 200㎡ 이상일 때 건축허가등의 동의를 받아야 한다.
④ 건축허가등의 동의절차에서 보완기간 내 서류 미보완 시 4일 내로 1회 연장이 가능하다.

답 ①

해 ② 건축허가등의 동의대상에 '철거'는 포함되지 않으므로 잘못되었다.
③ 학교시설은 연면적 '100㎡' 이상일 때 건축허가등의 동의를 받아야하므로 옳지 않다.
④ 건축허가등의 동의절차에서 보완이 필요할 시 연장이 가능하나, 보완기간 내 서류 '미 보완 시'에는 동의 요구서를 '반려'할 수 있는 사항이므로 옳지 않다.

14

다음 중 정전기 예방 대책으로 옳은 것만을 모두 고른 것은?

ⓐ 비전도체물질을 사용한다.
ⓑ 접지시설을 설치한다.
ⓒ 공기를 이원화시킨다.
ⓓ 습도를 70% 이상으로 유지한다.
ⓔ 누전차단기를 설치한다.

① ⓐ, ⓒ
✓② ⓑ, ⓓ
③ ⓐ, ⓓ, ⓔ
④ ⓑ, ⓓ, ⓔ

답 ②

해 ⓐ 비전도체물질이 아닌 '전도체물질'을 사용해야 하므로 옳지 않다.
ⓒ 정전기 예방 대책은 공기를 '이온화'시키는 것이므로 옳지 않다.
ⓔ 누전차단기를 설치하는 것은 전기화재 예방대책으로 정전기 예방과는 무관하므로 해당하지 않는다.

15

가연물이 될 수 없는 물질에 대한 설명으로 옳지 않은 것은?

① 헬륨, 네온, 아르곤 등은 산소와 결합하지 못하는 불활성기체로 가연물이 될 수 없다.
② 질소 및 질소산화물은 산소와 화합하여 흡열반응을 일으켜 가연물이 될 수 없다.
✓③ 일산화탄소(CO)는 산소와 화학반응을 일으키지 못하기 때문에 가연물이 될 수 없다.
④ 돌이나 흙이 가연물이 되지 못하는 이유는 연소하지 않기 때문이다.

답 ③

해 일산화탄소(CO)는 산소와 반응하여 가연물이 될 수 있는 산화물이므로 옳지 않다. 산소와 화학반응을 하지 못해 가연물이 되지 못하는 것은 이산화탄소(CO_2)이다.

16

가연물질의 구비조건으로 옳은 것을 모두 고르시오.

ⓐ 열전도 값이 작으면 열의 발산이 용이하므로 열전도 값은 커야 한다.
ⓑ 조연성 가스와 친화력이 강하면 흡열반응을 일으키므로 친화력은 낮아야 한다.
ⓒ 산소와 접촉할 수 있는 표면적이 커야 하며 고체보다 기체가 산소 접촉 표면적이 크기 때문에 산화되기 쉽다.
ⓓ 화학반응에 필요한 최소 점화에너지 값이 작아야 연소에 유리하므로 점화에너지 값이 작아야 한다.
ⓔ 산소와 결합했을 때 발열량이 크고, 연쇄반응을 일으키는 물질이 가연물질이 되기에 유리하다.

① ⓐ, ⓒ, ⓓ
② ⓐ, ⓓ, ⓔ
③ ⓑ, ⓒ, ⓓ
✓④ ⓒ, ⓓ, ⓔ

답 ④

해 ⓐ 열전도 값이 작으면 열의 '축적'이 용이하므로 열전도 값이 작아야 가연물질이 될 수 있다. 따라서 잘못된 설명이다.
ⓑ 조연성 가스인 산소, 염소와의 친화력이 강해야 가연물질이 될 수 있다. 흡열반응을 일으켜 가연물이 될 수 없는 물질은 질소 및 질소산화물이므로 옳지 않은 설명이다.

따라서 옳은 것은 ⓒ, ⓓ, ⓔ

17

각 괄호에 들어갈 화재의 종류를 알맞게 짝지은 것을 고르시오.

화재 종류	(A)	(B)
특징 및 소화 방법	• 상온에서 액체상태로 존재하는 유류가 가연물이 되는 화재를 일컬음. • 연소 후 재가 남지 않음. • 포 등을 이용한 질식 소화 및 냉각소화가 적응성이 있음.	• 가연성이 강한 칼륨, 나트륨, 마그네슘, 알루미늄 등이 가연물이 될 수 있으며 분말상으로 존재할 때 가연성이 증가한다. • 물과 반응하여 강한 수소를 발생시킬 수 있어 대부분 수계소화 약제를 사용하지 않는다. • 마른모래 등을 이용한 질식소화가 적응성이 있다.

	(A)	(B)
①	A급	B급
②	B급	C급
✓③	B급	D급
④	C급	D급

답 ③

해 (A)는 B급 유류화재에 대한 설명이며, (B)는 D급 금속화재에 대한 설명이므로 ③ (A):B급, (B):D급이 옳다.

18

각 용어에 대한 특징을 참고하여 각 빈 칸에 들어갈 말로 옳은 것을 순서대로 나열한 것은?

(가)	점화원	(나)	(다)
연소상태가 계속될 수 있게 하는 온도, 연소상태가 5초 이상 유지될 수 있는 온도.	연소범위가 만들어졌을 때 연소를 일으키는 외부의 최소한의 활성화 에너지.	외부의 점화원 없이 열의 축적에 의해 불이 일거나 타기 시작하는 최저 온도.	연소범위가 만들어졌을 때 외부의 점화원에 의해 불이 붙을 수 있는 최저 온도.

	(가)	(나)	(다)
✓①	연소점	발화점	인화점
②	연소점	인화점	발화점
③	발화점	인화점	연소점
④	인화점	발화점	연소점

답 ①

해 (가)는 연소점으로 연소상태가 계속되게 하는 온도를 뜻하며, (나) 발화점의 가장 큰 특징은 '외부의 점화원 없이' 스스로 발화할 수 있다는 점이다. 불이 일거나 타기 시작하는 것을 '발화'라고 한다. (다) 인화점의 가장 큰 특징은 '외부의 점화원에 의해' 불이 붙는다는 점이며 불이 붙거나 불을 붙이는 것을 '인화'라고 한다. 따라서 (가)는 연소점, (나)는 발화점, (다)는 인화점이다.

19

화재 시 산소공급원에 대한 설명으로 옳지 않은 것은?

① 일반적으로 공기 중에는 약 21%의 산소가 포함되어 있어 산소공급원이 될 수 있다.
② 대체로 일반 가연물의 경우 산소농도가 15% 이하이면 연소가 어렵다.
③ 제1류·제6류 위험물은 산소를 함유하고 있거나 발생시키므로 산화제로 분류된다.
✓ 산소를 함유한 제5류 위험물은 자연발화성 금수성 물질로 폭발의 위험이 있어 위험하다.

답 ④

해 제5류 위험물은 산소를 함유하고 있으며 연소속도가 빠르고 폭발의 위험이 있는 것은 맞지만, '자기반응성 물질'이므로 자연발화성 금수성 물질이라고 서술한 부분이 잘못되었다. 자연발화성 금수성 물질은 제3류 위험물로 산소공급원과는 무관하다.

20

연소생성물의 특징으로 옳은 것은?

① 계단실 내 수직이동 시 확산 속도가 가장 빠르며 2~3m/s 속도로 이동한다.
✓ 일산화탄소는 염소와의 작용으로 $COCl_2$를 생성해 생명이 위험할 수 있다.
③ 산소 공급이 부족하여 불완전연소 시 탄소성분이 유입되며 흰색 연기가 발생한다.
④ 연기로 인한 시야 감퇴는 피난행동 및 소화활동의 정촉매 역할을 한다.

답 ②

해 ① 계단실 내 수직이동 시 확산 속도가 가장 빠른 것은 맞으나, 2~3m/s가 아닌 3~5m/s 속도로 이동하므로 잘못된 설명이다.
③ 산소 공급이 부족하여 불완전연소 하게 되면 탄소분을 생성하여 연기가 '검은색'을 띄게되므로 옳지 않은 설명이다. 흰색 연기는 수증기와 만나면서 나타날 수 있는 현상이다.
④ 연기로 인한 시야 감퇴는 피난행동 및 소화활동을 저해하는데 '정촉매'란 속도를 빠르게 촉진시키는 것을 의미하기 때문에 정반대로 서술하였으므로 잘못된 설명이다.

※ **참고**: $COCl_2$는 '포스겐'의 화학식이며 포스겐은 독성 가스이므로 공기 중에 고농도 노출되면 생명이 위험할 수 있으므로 옳은 설명이다.

21

화재성장 단계에서 각 빈 칸에 들어갈 말로 옳은 것을 순서대로 고르시오.

초기	• 실내 온도가 아직 크게 상승하지 않음. • 대개 발화부위는 (가)로부터 시작되는 경우가 많다.
성장기	• 내장재 등에 착화된 후 실내 온도가 급격히 상승함. • 가연성 가스가 천장 부근에 모여 착화되면 불꽃이 폭발적으로 확산하며 실내 전체가 화염에 휩싸이는 (나) 상태 발생.
최성기	• 실내 전체에 화염이 가득 차 연소가 최고조인 상태.
감쇠기	• 가연물이 대부분 타버리고 화세가 감쇠하며 온도가 하강하기 시작.

	(가)	(나)
①	훈소현상	플레어 오버 (Flare over)
②	적소현상	플레어 오버 (Flare over)
✓③	훈소현상	플래시 오버 (Flash over)
④	적소현상	플래시 오버 (Flash over)

답 ③

해 (가): 훈소현상이란, 구멍이 많은 다공성 물질에서 화염(불꽃)없이 연소가 일어나는 현상으로, 직접적인 화염으로 발생한 화재에 비해 전파속도가 느린 편이다. 대표적으로 불꽃없이 담배가 느리게 타들어가는 현상을 예로 들 수 있다. 이처럼 화재 초기에는 훈소현상에 의해 화재가 일어나더라도 전파속도가 느리고 열 에너지가 약하기 때문에 화재를 감지하거나 알아차리기가 어렵다. 또한 이후 열에너지가 축적되어 가구와 같은 목재나 종이 등 다른 가연물로 번져 연소가 계속될 때까지 일정 시간 이상의 잠복기가 소요될 수 있다는 점이 훈소현상에 의한 화재의 특징이다.

(나): 해당 설명에 부합하는 현상은 플래시 오버(Flash over)이다.

22

유류 취급 시 주의사항으로 옳은 것은?
① 석유난로 사용 시 이동이 수월해야하므로 고정장치를 설치하면 안된다.
② 유류를 이용한 화기에 불을 붙이고 장시간 자리를 비울 때는 환기를 위해 창문을 열어둔다.
③ 유류가 들어있던 빈 드럼통은 절단 시 빈 드럼통 속에 유증기를 미리 주입한 후 작업한다.
✓④ 어두운 장소에서 유류통의 연료량을 확인할 때는 손전등 또는 LED등을 준비해야 한다.

답 ④

해 ① 석유난로는 넘어지거나 화재가 발생할 위험이 있으므로 고정 상태로 사용해야 하며, 불이 붙은 상태에서 이동하면 안되므로 옳지 않은 설명이다.
② 불이 붙은 상태에서는 장시간 자리를 비우면 안되기 때문에 잘못된 설명이다.
③ 유류가 들어있던 빈 드럼통은 절단 시 빈 드럼통 속에 남아있던 유증기를 완전히 '배출'한 후 작업해야 하므로 잘못된 설명이다.
④ 유류통 잔량 확인 시 성냥이나 라이터 등을 이용해서는 안되고 손전등과 같이 화재의 위험이 없는 장비를 사용해야 하므로 옳은 설명이다.

23~24

다음 〈보기〉 참고하여 물음에 답하시오.

〈보기〉
- 용도 : 도시가스
- 비중 : 0.6
- 폭발범위 : 5~15%

23

위 〈보기〉의 설명에 부합하는 연료가스의 주성분을 고르시오.
① C_3H_8 (C3H8)
☑ CH_4 (CH4)
③ CH_3OH (CH3OH)
④ C_4H_{10} (C4H10)

답 ②

해 〈보기〉는 액화천연가스인 LNG에 대한 설명이며 주성분인 메탄은 CH_4로 표기한다.
① C_3H_8 '프로판'과 ④ C_4H_{10} '부탄'은 LPG의 화학식이며, ③ CH_3OH는 메탄올로 문제와는 무관한 보기이다.

※ 출제 의도 : 소방안전관리자 2급 시험 난이도가 점차 상향 됨에 따라 이처럼 연료가스의 종류별로 주성분을 화학식으로만 표현한 문제가 실제로 출제되고 있기 때문에 화학식과 주성분, 그리고 해당하는 연료가스의 종류를 암기하는 것이 좋습니다.

24

위 〈보기〉의 설명에 부합하는 연료가스의 가스누설경보기 설치 위치로 옳은 것을 모두 고르시오.

가. 연소기로부터 수평거리 4m 이내에 위치하도록 설치한다.
나. 연소기로부터 수평거리 8m 이내에 위치하도록 설치한다.
다. 탐지기의 하단이 천장으로부터 하방 30cm 이내에 위치하도록 설치한다.
라. 탐지기의 상단이 바닥으로부터 상방 30cm 이내에 위치하도록 설치한다.

① 가, 다
② 가, 라
☑ 나, 다
④ 나, 라

답 ③

해 〈보기〉는 액화천연가스인 LNG에 대한 설명이다. LNG는 비교적 가볍기 때문에 누출 시 천장에 체류하게 되고, 멀리 나아가므로 연소기로부터 8m 이내, 탐지기의 하단이 천장면의 하방 30cm 이내에 위치하도록 설치해야 한다.

25

C급화재의 예방요령으로 가장 타당하지 않은 것은?
① 화재발생 시 일제살수식 스프링클러설비가 적응성이 있으므로 설치를 권장한다. ✓
② 시설 설치 시 등록업체를 통해 정확하게 시공해야 한다.
③ 누전차단기를 설치하여 월 1~2회 동작여부를 확인해야 한다.
④ 단락에 의한 발화를 경계해야 하고 과전류차단장치를 설치한다.

답 ①

해 C급은 전기화재로 일반적으로는 소화 시 물을 뿌리면 감전의 위험이 있으므로 주로 가스소화약제를 이용한 질식소화가 적응성이 있다. 따라서 물을 이용한 일제살수식 스프링클러설비를 설치하는 것은 권장하는 방법이 아니므로 잘못된 설명이다.

26

응급처치의 일반원칙으로 옳은 것은?
① 비용절감을 위해 되도록 앰블런스를 호출한다.
② 구조자는 환자의 안전을 최우선으로 한다.
③ 응급처치 시 당사자의 이해와 동의를 얻는다. ✓
④ 응급처치를 한 후 응급구조를 요청한다.

답 ③

해 ① 앰블런스는 일정요금을 징수하지만 119구급차는 무료이므로 비용절감을 생각한다면 119구급차를 호출하는 편이 낫기 때문에 옳지 않은 설명이다.
② 긴박한 상황이더라도 구조자의 안전을 최우선으로 해야하므로 옳지 않은 설명이다.
④ 응급처치를 진행 함과 동시에 응급구조를 요청해야 하므로 옳지 않은 설명이다.
③ 신체 접촉 시 성희롱 등의 법적 문제가 발생할 우려가 있으므로 의식이 있는 환자라면 응급처치 시 당사자의 이해와 동의를 얻는 것을 원칙으로 해야 하므로 옳은 설명이다.

27

응급처치의 기본사항으로 옳은 것은?
① 이물질이 눈에 보이더라도 손으로 제거하려 하면 안된다. ✓
② 일반적으로 혈액량의 8% 출혈 시 생명이 위험해진다.
③ 환자가 구토하려 하면 머리를 위로 들어올린다.
④ 이물질이 제거되면 환자의 턱을 밑으로 내려 기도를 개방한다.

답 ①

해 ② 일반적으로 개인당 혈액량의 15~20% 출혈 시 생명이 위험해진다.
③ 환자가 구토하려 하면 머리를 옆으로 돌려야 한다.
④ 이물질이 제거되면 환자의 머리는 뒤로, 턱은 위로 들어올려 기도를 개방해야 한다.
따라서 옳은 것은 ①

28

심폐소생술 시행 시 가슴압박 위치로 옳은 것을 고르시오.

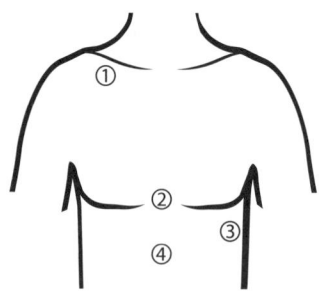

① (환자 기준) 오른쪽 빗장뼈 아래
② 흉골 아래쪽 절반 부위 ✓
③ (환자 기준) 왼쪽 가슴 아래와 겨드랑이 중간
④ 복부 하단 중앙 부위

답 ②

해 심폐소생술 시 올바른 가슴압박 위치는 흉골 아래쪽 절반 부위이다.

29

성인을 대상으로 한 심폐소생술에 대해 옳게 말한 사람을 모두 고르시오.

- 형수: 순서는 C→B→A로 진행해야 해.
- 진수: 반응이 없거나 호흡이 비정상이면 신고를 함과 동시에 AED를 요청해야 해.
- 혁수: 맥박 및 호흡의 정상 여부는 20초 내로 판별해야 해.
- 정수: 압박과 이완의 시간 비율은 30:2로 유지해야 해.
- 만수: 분당 100~120회의 속도, 약 5cm 깊이로 환자의 가슴을 압박해야 해.

① 형수, 혁수
② 형수, 진수, 혁수
③ ✔ 진수, 만수
④ 진수, 정수, 만수

답 ③

해
- 형수: 심폐소생술 순서는 C(가슴압박)→A(기도유지)→B(인공호흡) 순서로 진행해야 하므로 잘못된 설명이다.
- 혁수: 맥박 및 호흡의 정상 여부 판별 시간은 10초 이내여야 하므로 옳지 않은 설명이다.
- 정수: 압박과 이완의 시간비율은 50:50이어야 하므로 잘못된 설명이며 30:2의 비율인 것은 가슴압박과 인공호흡의 반복 과정에 대한 비율이다.

30

다음 각 설명에 부합하는 소방계획의 주요원리를 순서대로 고르시오.

주요 원리	(가)	(나)	(다)
주요 내용	계획(Plan), 이행/운영(Do), 모니터링(Check), 개선(Act)의 PDCA Cycle	• 모든 형태의 위험 포괄 • 예방·대비→대응→복구의 전주 기적 단계의 위험성 평가	정부, 대상처, 전문기관의 거버넌스 및 안전관리 네트워크 구축/협력 및 파트너십 구축

① ✔ 지속적 발전모델 - 종합적 안전관리 - 통합적 안전관리
② 종합적 안전관리 - 지속적 발전모델 - 통합적 안전관리
③ 지속적 발전모델 - 통합적 안전관리 - 종합적 안전관리
④ 종합적 안전관리 - 통합적 발전모델 - 지속적 안전관리

답 ①

해 [지속적 발전모델]의 키포인트는 PDCA (Plan, Do, Check, Act). [종합적 안전관리]의 키포인트는 예방, 대비, 대응, 복구. [통합적 안전관리]의 키포인트는 세 가지 형태의 기관 (정부, 대상처, 전문기관) 간의 네트워크 및 협력을 기억하면 좋다.

31

소방계획의 수립절차 중 목표와 전략, 세부 실행계획을 수립하는 과정이 포함되는 단계를 고르시오.
① 1단계 사전기획
② 2단계 위험환경 분석
✓③ 3단계 설계 및 개발
④ 4단계 시행 및 유지관리

답 ③

해 목표와 전략 및 세부 실행계획을 수립하는 과정은 [3단계-설계 및 개발] 단계에서 진행된다.
- 1단계: 사전기획 단계에서는 이해관계자의 의견 및 요구사항을 검토하는 등 작성계획을 수립한다.
- 2단계: 위험환경분석 단계에서는 위험요인을 식별하는 등 대책을 수립한다.
- 4단계: 시행 및 유지관리 단계에서는 소방계획을 이행하고 유지관리 및 지속적인 개선을 실시한다.

32

다음 중 소방계획의 작성원칙에 해당하는 것을 모두 고르시오.

A. 실현가능한 계획	B. 안전성 보장
C. 계획수립의 구조화	D. 계획우선
E. 관계인의 참여	F. 실행우선
G. 팀워크 중심	H. 전문성 함양

① A, B, F, H
✓② A, C, E, F
③ A, B, D, E, H
④ A, C, D, E, G

답 ②

해 소방계획의 작성원칙은 실현가능한 계획이어야 하고, 실행을 우선에 두어야 한다. 또 관계인이 모두 참여해야 하며, 작성-검토-승인의 구조화단계를 거쳐야 한다. 따라서 A, C, E, F가 해당한다.
그 외에는 소방계획의 작성원칙과는 무관하며, 계획우선이 아닌 실행우선임을 헷갈리지 않도록 주의하는 것이 좋다.

33

화재대응 과정 중 화재전파 및 접수 과정으로 보기 어려운 것은?
① 발신기를 누른다.
② 육성으로 "불이야"라고 외친다.
③ 화재경보장치 작동으로 수신반에 자동으로 화재신호가 접수된다.
✓④ 소화기 및 옥내소화전으로 소화작업을 실시한다.

답 ④

해 소화기 및 옥내소화전으로 소화작업을 하는 것은 '초기소화' 과정에 해당하므로 화재전파 및 접수 방법으로 보기 어렵다.

34

화재 시 일반적인 피난행동으로 옳은 것은?
① 화재초기에는 엘리베이터를 이용해 신속하게 대피한다.
② 아래층으로 대피가 어렵다면 곧장 완강기를 이용해 탈출한다.
③ 탈출한 이후 소방대원의 안내에 따라 재해약자 구출을 돕는다.
✓④ 아파트에서 세대 밖으로 탈출이 어렵다면 경량칸막이를 통해 옆세대로 대피한다.

답 ④

해 ① 화재 발생 시 엘리베이터는 이용하면 안되므로 옳지 않은 설명이다.
② 아래층으로 대피가 어렵다면 옥상으로 대피하는 것이 우선이다. 완강기 등의 피난구조설비는 도저히 대피가 여의치 않을 때 최후의 수단으로 이용하는 것이므로 옳지 않은 설명이다.
③ 탈출한 경우에는 절대로 화재 건물에 다시 진입하면 안되기 때문에 옳지 않은 설명이다.

35

자위소방대 및 초기대응체계 구성과 운영에 대한 설명으로 옳은 것은?
✓① 지구대 설정 시 주차장과 공장은 구역(Zone) 설정에서 제외한다.
② 자위소방대원은 반드시 거주 인원으로만 인력을 편성해야 한다.
③ 초기대응체계 편성 시 2명 이상은 수신반에 근무해야 한다.
④ 팀의 기능에 따라 자위소방대원별로 개별임무를 부여할 때 임무를 중복으로 지정할 수 없다.

답 ①

해 ② 자위소방대원은 거주하는 인원 또는 대상물 내 상시 근무하는 인원 중에서 자위소방활동이 가능한 인력을 편성하므로 거주 인원으로 특정한 설명이 잘못되었다.
③ 초기대응체계 편성 시 수신반에 근무하며 모니터링 또는 지휘통제가 가능해야 하는 인원의 기준은 '1명 이상'이므로 옳지 않은 설명이다.
④ 자위소방대 각 팀별 기능에 기초하여 자위소방대원별로 개별임무를 부여할 경우, 대원별로 복수 및 중복 임무 지정이 가능하므로 옳지 않은 설명이다.

36

소방훈련 및 교육에 대한 설명으로 빈 칸에 들어갈 말로 옳은 것을 순서대로 고르시오.

- 소방훈련 및 교육을 실시해야 하는 대상물은 소방안전관리대상물 중에서 상시 근무인원 또는 거주 인원이 10명 (A)인 특정소방대상물을 제외한 특정소방대상물이 해당한다.
- 소방훈련 및 교육은 연 (B)회 이상 실시해야 하며, 그 결과를 결과기록부에 기록하여 (C)년간 보관해야 한다.

	(A)	(B)	(C)
✓①	이하	1	2
②	미만	1	2
③	이하	2	1
④	미만	2	1

답 ①

해 (A) 소방훈련 및 교육 대상물은 상시 근무인원 또는 거주 인원이 10명 이하인 특정소방대상물은 제외하므로 '이하'가 맞다, (B) 소방훈련 및 교육은 연 1회 이상 실시하며, (C) 결과기록부에 작성하여 2년간 보관하므로 (B)는 1, (C)는 2가 옳다.

37

다음 그림을 보고 각 유도등의 이름을 순서대로 고르시오.

(가)   (나)

	(가)	(나)
①	통로유도등	피난구유도등
②	피난구유도등	객석유도등
✓③	피난구유도등	통로유도등
④	객석유도등	피난구유도등

답 ③

해 (가)는 피난구유도등, (나)는 통로유도등에 해당하는 그림이다.

38

다음 그림에서 발신기 누름버튼을 눌렀을 때 점등되는 버튼 및 작동하는 설비로 옳은 것을 모두 고르시오.

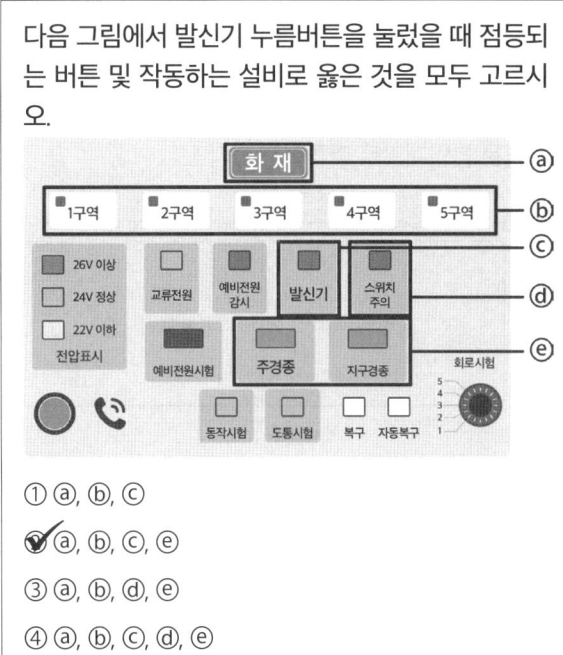

① ⓐ, ⓑ, ⓒ
✓② ⓐ, ⓑ, ⓒ, ⓔ
③ ⓐ, ⓑ, ⓓ, ⓔ
④ ⓐ, ⓑ, ⓒ, ⓓ, ⓔ

답 ②

해 발신기 누름버튼을 누르면 화재 상황과 동일하게 보고, ⓐ [화재표시등]에 점등된다. 또 ⓑ [지구표시등]에서 해당 발신기가 위치한 경계구역에 점등이 되고, 발신기가 작동했으므로 ⓒ [발신기등]에 점등되며, 피난유도를 위해 ⓔ 주경종 및 지구경종이 울리며 작동한다. 따라서 ⓓ 스위치주의 등을 제외한 나머지가 작동하고 점등된다.

39

다음 〈보기〉에서 소화기구와 음향장치 점검 시 반드시 필요한 장비로 옳은 것을 차례대로 고르시오.

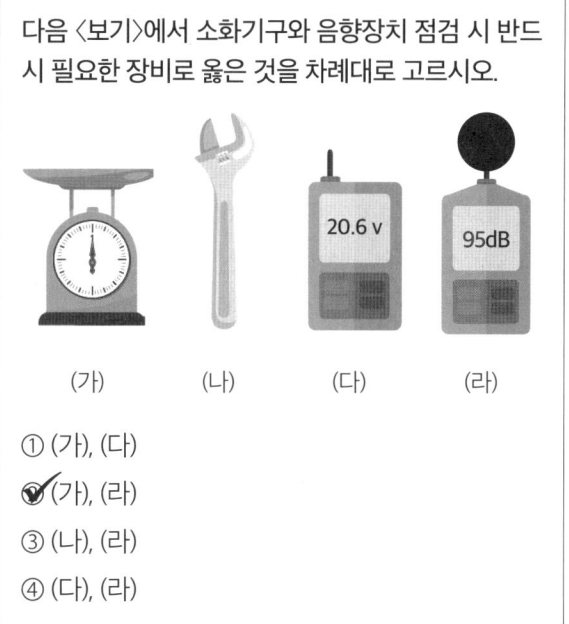

① (가), (다)
✓② (가), (라)
③ (나), (라)
④ (다), (라)

답 ②

해 소화기구 점검 시 필요한 장비는 소화기의 중량을 잴 수 있도록 (가) '저울'이 필요하고, 음향장치 점검 시 필요한 장비는 1m 떨어진 위치에서 90dB(데시벨) 이상 측정되는지 여부를 확인하기 위해 (라) '음량계'가 필요하다.

40

소화기에 대한 설명으로 옳지 않은 것을 고르시오.
- ✔ ① BC급 분말소화기의 주성분은 제1인산암모늄으로 약제는 담홍색을 띤다.
- ② 분말소화기의 내용연수는 10년이나, 성능확인 후 1회에 한하여 3년 연장 가능하다.
- ③ 분말소화기는 생활폐기물 신고필증을 구매하여 부착 후 지정된 장소에 배출한다.
- ④ 축압식 분말소화기와 할론1211·2402소화기는 지시압력계가 부착되어 있다.

답 ①

해 제1인산암모늄을 주성분으로 한 담홍색 약제의 분말소화기는 ABC급에 적응성이 있으므로 옳지 않은 설명이다. BC에 적응성이 있는 분말소화기는 탄산수소나트륨 등이 주성분이며 이 때 약제는 백색을 띤다.

41

아래 도면과 같은 사무실(영업시설)에 능력단위 2단위의 소화기를 설치할 때 필요한 최소 개수를 구하시오(단, 사무실의 주요구조부는 내화구조이고, 실내면은 불연재료로 이루어져 있다.).

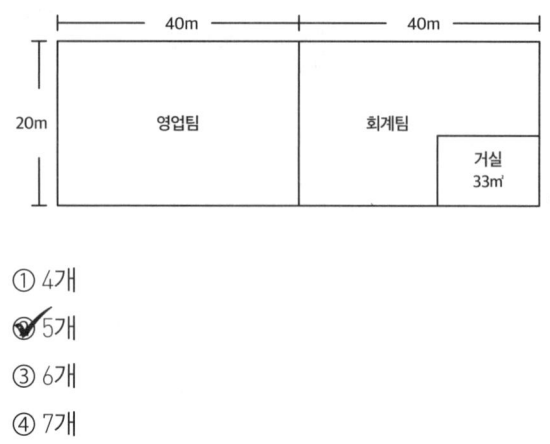

- ① 4개
- ✔ ② 5개
- ③ 6개
- ④ 7개

답 ②

해 영업팀과 회계팀은 각각 면적은 800㎡으로 동일하고, 내화구조의 사무실(영업시설)이므로 바닥면적 200㎡마다 능력단위 1 이상 소화기 설치기준이 적용된다. 그러면 1단위 소화기를 기준으로 800÷200=4이므로 각 팀당 4개의 소화기가 필요한데, 설치하려는 소화기의 능력단위가 2단위이므로 절반인 2개만 채워도 충족할 수 있다(각각 영업팀 2개, 회계팀 2개). 여기에 추가로 회계팀에는 33㎡ 이상의 거실이 따로 구획되어 있으므로 추가로 1대를 더 설치하여 총 5개가 필요하다.

42

평상 시 옥내소화전의 동력제어반 스위치 및 표시등에 대해 옳게 설명한 것은?

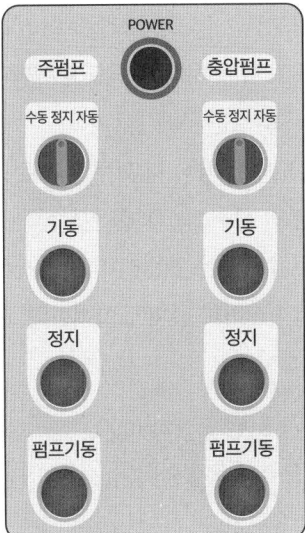

동력제어반 MCC

① 전원표시등은 소등되어 있는 것이 옳다.
② 평상 시에는 위와같이 주·충압펌프 스위치를 정지 위치에 둔다.
✓ ③ 주·충압펌프 기동표시등은 소등되어 있는 것이 옳다.
④ 주·충압펌프 펌프기동표시등은 점등되어 있는 것이 옳다.

답 ③

해 ① 평상 시에도 동력제어반 자체는 작동하고 있어야 하므로 전원표시등이 '점등'되어야 한다.
② 평상 시 주·충압펌프 스위치는 '자동'위치에 있어야 화재 발생 시 펌프가 자동으로 기동될 수 있다.
④ 평상 시 화재가 발생하지 않은 상황에서는 펌프가 멈춰 있으므로 펌프기동표시등이 '소등'된다. 따라서 잘못된 설명이다.
기동표시등도 펌프기동표시등과 마찬가지 원리이므로 평상 시 펌프가 기동하지 않은 상태에서 '소등'되어 있는 것이 맞다.

43

다음 중 비화재보의 원인별 대책으로 가장 타당한 것은?

① 건물 누수로 인해 오동작한 경우 감지기 복구 스위치를 누른다.
✓ ② 장마철 습도 증가로 오동작 시 감지기를 원상태로 복구한다.
③ 주방에 정온식 열감지기가 설치된 경우 차동식 열감지기로 교체한다.
④ 담배연기로 인한 오동작 시 연기감지기로 교체한다.

답 ②

해 ① 건물 누수로 인해 오동작한 경우에는 누수부 방수처리 및 감지기를 교체하는 방안이 타당하므로 복구 스위치를 누르는 것이 최선이라고 보기 어렵다.
③ 주방에는 정온식 열감지기가 적응성이 있으므로 교체할 필요가 없다.
④ 담배연기로 인한 오동작 시 환풍기를 설치하는 방안이 타당하므로 옳지 않다(담배연기가 자주 발생하는 장소에 연기감지기를 설치할 경우 더 자주 비화재보가 울릴 수 있으므로 옳지 않다.).

44

방출표시등 작동시험 시 작동 확인사항으로 옳지 않은 것은?
① ✓ 스프링클러설비 제어반의 점등 여부를 확인한다.
② 방호구역 출입문 상단의 방출표시등 점등 여부를 확인한다.
③ 수동조작함(수동기동장치)의 적색 방출등 점등 여부를 확인한다.
④ 가스계소화설비 제어반의 점등 여부를 확인한다.

답 ①

해 [방출표시등]은 가스계소화설비의 구성부이다. 이산화탄소 등의 가스계 약제가 방출되었을 때 밀폐된 공간에서 인체에 유해할 수 있기 때문에 방출표시등이 점등되어 인파를 신속히 안전한 장소로 이동할 수 있도록 유도해야 한다. 그러므로 ①의 스프링클러설비와는 무관하다. 참고로 스프링클러설비가 작동하면 화재표시등과 밸브개방표시등 점등 여부를 확인해야 한다.

45

유도등 및 유도표지에 대한 설명으로 옳은 것은?
① 지하역사 또는 지하상가에서 유도등은 정전 시 비상전원으로 20분 이상 작동해야 한다.
② 통로유도표지는 하나의 유도표지까지의 수평거리가 15m 이하인 곳에 설치한다.
③ 3선식 유도등은 평상 시 꺼둔 상태로 충전이 가능해 대부분의 장소에 설치를 권장한다.
④ ✓ 계단통로유도등은 계단참이나 경사로참의 바닥으로부터 1m 이하 위치에 설치한다.

답 ④

해 ① 지하역사 또는 지하상가에서 유도등은 정전 시 비상전원으로 자동절환되어 '60분' 이상 작동해야 하므로 옳지 않다.
② 통로유도표지는 하나의 유도표지까지의 '보행'거리가 15m 이하인 곳에 설치해야하므로 옳지 않다.
③ 3선식 유도등은 평상 시 꺼둔 상태로 충전이 가능한 건 맞지만, 원칙은 2선식 배선이고 하기 조건을 갖춘 장소 및 특정소방대상물에서 3선식 배선으로 설치가 가능한 것이므로 옳지 않다.
※ 3선식 조건
  1. 외부광이 충분해 피난 방향 식별이 쉬운 장소
  2. 어두울 필요가 있는 장소(암실, 공연장)
  3. 관계인 및 종사자가 상시로 사용하는 장소 등

46

피난구조설비의 설치장소 및 기구별 적응성으로 옳은 것을 고르시오.

① 구조대는 3층 이하의 노유자시설과 1층 이상, 10층 이하의 다중이용업소에 적응성이 있다.
② 피난트랩은 노유자시설의 지하와 공동주택에서 적응성이 있다.
✓ 노유자시설과 다중이용업소에서 간이완강기는 적응성이 없다.
④ 입원실이 있는 의원 등의 장소에서 1층 이하에는 피난용 트랩이 적응성이 없다.

답 ③

해 ① 노유자시설의 경우 1층 이상 3층 이하에서 구조대가 적응성이 있고, 다중이용업소의 경우에는 2층 이상, 4층 이하에서 적응성이 있다(다중이용업소의 경우 영업장의 위치가 4층 이하인 다중이용업소만 따진다.). 따라서 옳지 않은 설명이다.
② 피난트랩이 노유자시설의 지하에서 적응성이 있는 것은 맞지만 공동주택에 적응성이 있는 것은 공기안전매트이므로 옳지 않다.
④ 입원실이 있는 의원 등의 장소의 1층과 2층에서 피난용 트랩은 적응성이 없지만 지하에서는 적응성이 있으므로 옳지 않다.

47

다음의 그림과 설명에 해당하는 설비의 구조부 이름으로 옳은 것을 고르시오.

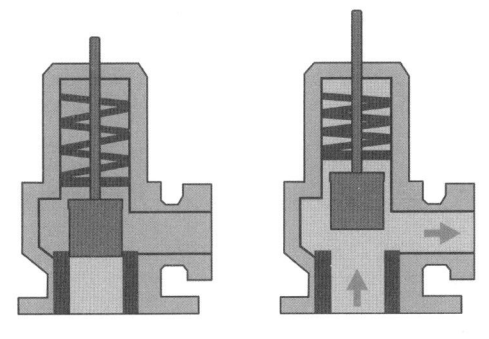

동작 전   동작 후

순환배관 상의 _____를 통해 과압을 방출하여 수온상승을 방지함으로써 펌프에 무리가 발생하지 않도록 완화하는 기능을 수행한다.

① 유량조절밸브
✓ 릴리프밸브
③ 프리액션밸브
④ 솔레노이드밸브

답 ②

해 펌프에 무리가 가지 않도록 과압을 방출하여 수온상승을 방지하는 것은 ② '릴리프밸브'이다.
① 유량조절밸브는 펌프성능시험 중 토출량을 조절하는 기능을 수행한다(찐정리 교재 68페이지부터 참고). ③ 프리액션밸브 및 ④ 솔레노이드밸브는 준비작동식 유수검지장치(찐정리 교재 67페이지부터 참고) 및 가스계소화설비(찐정리 교재 71페이지부터 참고)에서 등장하는 용어이다.
※ 각 밸브의 기능과 이름이 헷갈린다면 설비 파트 유튜브 강의와 교재 내 설명을 참고하여 반복 학습하고, 정리해두면 보다 수월하게 암기할 수 있다.

48

다음 표를 참고하여 스프링클러설비의 종류별 설명으로 옳은 것을 모두 고르시오.

구분	건식	일제 살수식	습식	준비 작동식
장점	㉠ 동결 우려 장소에서 사용 가능	초기 화재에 신속한 대처 가능	구조가 간단하며 공사비가 저렴	살수 전 경보로 조기 대처 가능
단점	㉡ 화재 초기 화재를 촉진할 우려가 있음	대량 살수로 수손 피해 우려 있음	㉢ 2차측 배관 부실시공 우려 있음	㉣ 동결 우려 장소에 설치 불가
㉤ 감열체 유무	폐쇄형			개방형

① ㉠, ㉡ ✓
② ㉡, ㉢
③ ㉠, ㉣, ㉤
④ ㉠, ㉡, ㉢, ㉣

답 ①

해 ㉢ 2차측 배관 부실시공 우려가 있는 것은 준비작동식의 단점이므로 옳지 않다.
㉣ 준비작동식 스프링클러설비는 동결 우려 장소에 설치가 가능한 것이 장점이므로 잘못된 설명이다 (동결 우려 장소에 설치 불가한 단점이 있는 것은 습식).
㉤ 감열체 유무는 습식+건식+준비작동식=폐쇄형(감열체 있음), 일제살수식=개방형(감열체 없음)이므로 잘못되었다.

49~50

하단 표를 참고하여 물음에 답하시오.
소방시설등 작동기능점검 실시결과 보고서

소방대상물	명칭:아주빌딩	관계인:최소방 (연락처 010-9876-5432)
	소재지:서울시 종로구 필운대로 001	
	용도:업무시설	
	건물구조:철근콘크리트조, 슬라브지붕, 지상6층, 지하3층	
	연면적:3874.5m²	

소방시설등의 점검내역	소방시설의 종류		점검결과
	소화기구	소화기, 자동소화장치	각 설비별 점검결과 및 점검결과 지적내역서 참조
	경보설비	자동화재탐지설비	
	소화활동설비	옥내소화전설비, 스프링클러설비	

49

아주빌딩의 소방시설 점검내역 중 일부를 발췌한 내용이다. 이에 대한 설명으로 옳은 것을 고르시오.

자동화재탐지설비

구분	설비		점검결과	
			결과	불량내용
수신기	절환장치 (예비전원)	상용전원 OFF 시 예비전원 자동 절환 여부	○	(가)
	스위치	스위치 정위치 (자동) 여부	(나)	감시제어반의 주펌프 스위치가 기동 위치에 놓여있음.
	도통시험	회로 단선 여부	(다)	(라)

① (가)에는 X 표시를 하는 것이 옳다.
② 감시제어반의 주펌프 스위치 위치가 '기동'에 있으므로 (나)는 ○ 표시가 옳다.
③ (다)의 결과가 X 라면 도통시험 확인등에 녹색 불이 점등된다.
✔ (다)의 결과가 ○ 라면 전압계에는 4~8V가 측정되었을 것이다.

답 ④

해 ① 예비전원 절환장치는 절환 여부가 정상적으로 이루어졌기 때문에 결과가 ○(양호)인 것을 알 수 있다. 따라서 불량내용이 없으므로 (가)에는 해당없음을 뜻하는 / 표시가 들어가야 하므로 잘못된 설명이다.
② 감시제어반의 수동/자동 선택스위치는 자동에, 주펌프 및 충압펌프 스위치는 '정지'에 있어야 정위치이므로 '기동' 위치에 있다면 불량이므로 (나)는 X 표시여야 한다. 따라서 잘못된 설명이다.
③ (다)의 결과가 X로 불량이었다면 도통시험 확인등에 '적색' 불이 들어와야 하므로 잘못된 설명이다 (도통시험은 회로의 단선유무 및 접속 상황을 확인하기 위한 시험이므로 불량일 시 단선을 뜻하는 적색 불이 들어온다.).

50

아주빌딩에 대한 설명으로 옳은 것을 고르시오.
① 공동소방안전관리자를 선임해야 하는 특정소방대상물이다.
② 소방시설의 자체점검 시 종합정밀점검 시행 대상이 아니다.
✔ 화재 발생 시 경보방식은 직상발화 경보방식이 효과적이다.
④ 가연성가스를 1천톤 이상 저장 및 취급하는 시설과 같은 등급의 소방대상물이다.

답 ③

해 ① 아주빌딩은 지하를 제외하고 11층 이하로 고층건축물에도 해당하지 않고, 단일용도이므로 복합건축물에도 해당하지 않으므로 공동소방안전관리자 선임 대상이 아니다.
② 스프링클러설비가 설치되어 있으므로 종합정밀점검까지 시행해야 하는 대상물이다.
④ 가연성가스를 1천톤 이상 저장 및 취급하는 시설은 1급소방안전관리대상물인데 아주빌딩은 2급 소방대상물에 해당하므로 옳지 않다.
직상발화 경보방식은 지하를 제외하고 5층 이상이고 연면적 3,000m²를 초과하는 건축물에 효과적이므로 아주빌딩은 직상발화 경보방식이 효과적이라는 설명이 옳다.

MEMO

MEMO

서채빈

약력 및 경력

- 유튜브 챕스랜드 운영
- 소방안전관리자 2급 자격증 취득(2021년 2월)
- H 레포트 공유 사이트 자료 판매 누적 등급 A+

2022 유튜버 챕스랜드 소방안전관리자 2급 찐 스포일러 문제집

발행일 2022년 2월 28일(2쇄)		**발행인** 조순자	
편저자 서채빈		**편집·표지디자인** 백진주	
발행처 종이향기		**팩 스** 031-942-1152	

※ 낙장이나 파본은 교환해 드립니다.
※ 이 책의 무단 전제 또는 복제행위는 저작권법 제136조에 의거하여 처벌을 받게 됩니다.

정 가 18,000원   **ISBN** 979-11-91292-35-0

소방안전관리자 2급 답안지

응시 분야	
감독 확인	

수 험 번 호

고유번호

생 년 월 일 (년 / 월 / 일)

성 별

남	ⓞ
여	ⓞ

※ OMR카드 작성요령

1. 감독관 지시에 따라 응답지를 작성할 것.
2. 반드시 컴퓨터용싸인펜을 사용할 것.
3. 인적사항은 좌측부터, 성명은 복모음에 유의하여 작성할 것.

성 명

답 안 표 기 란

1	① ② ③ ④ ⑤	21	① ② ③ ④ ⑤	41	① ② ③ ④ ⑤	61	① ② ③ ④ ⑤
2	① ② ③ ④ ⑤	22	① ② ③ ④ ⑤	42	① ② ③ ④ ⑤	62	① ② ③ ④ ⑤
3	① ② ③ ④ ⑤	23	① ② ③ ④ ⑤	43	① ② ③ ④ ⑤	63	① ② ③ ④ ⑤
4	① ② ③ ④ ⑤	24	① ② ③ ④ ⑤	44	① ② ③ ④ ⑤	64	① ② ③ ④ ⑤
5	① ② ③ ④ ⑤	25	① ② ③ ④ ⑤	45	① ② ③ ④ ⑤	65	① ② ③ ④ ⑤
6	① ② ③ ④ ⑤	26	① ② ③ ④ ⑤	46	① ② ③ ④ ⑤	66	① ② ③ ④ ⑤
7	① ② ③ ④ ⑤	27	① ② ③ ④ ⑤	47	① ② ③ ④ ⑤	67	① ② ③ ④ ⑤
8	① ② ③ ④ ⑤	28	① ② ③ ④ ⑤	48	① ② ③ ④ ⑤	68	① ② ③ ④ ⑤
9	① ② ③ ④ ⑤	29	① ② ③ ④ ⑤	49	① ② ③ ④ ⑤	69	① ② ③ ④ ⑤
10	① ② ③ ④ ⑤	30	① ② ③ ④ ⑤	50	① ② ③ ④ ⑤	70	① ② ③ ④ ⑤
11	① ② ③ ④ ⑤	31	① ② ③ ④ ⑤	51	① ② ③ ④ ⑤	71	① ② ③ ④ ⑤
12	① ② ③ ④ ⑤	32	① ② ③ ④ ⑤	52	① ② ③ ④ ⑤	72	① ② ③ ④ ⑤
13	① ② ③ ④ ⑤	33	① ② ③ ④ ⑤	53	① ② ③ ④ ⑤	73	① ② ③ ④ ⑤
14	① ② ③ ④ ⑤	34	① ② ③ ④ ⑤	54	① ② ③ ④ ⑤	74	① ② ③ ④ ⑤
15	① ② ③ ④ ⑤	35	① ② ③ ④ ⑤	55	① ② ③ ④ ⑤	75	① ② ③ ④ ⑤
16	① ② ③ ④ ⑤	36	① ② ③ ④ ⑤	56	① ② ③ ④ ⑤	76	① ② ③ ④ ⑤
17	① ② ③ ④ ⑤	37	① ② ③ ④ ⑤	57	① ② ③ ④ ⑤	77	① ② ③ ④ ⑤
18	① ② ③ ④ ⑤	38	① ② ③ ④ ⑤	58	① ② ③ ④ ⑤	78	① ② ③ ④ ⑤
19	① ② ③ ④ ⑤	39	① ② ③ ④ ⑤	59	① ② ③ ④ ⑤	79	① ② ③ ④ ⑤
20	① ② ③ ④ ⑤	40	① ② ③ ④ ⑤	60	① ② ③ ④ ⑤	80	① ② ③ ④ ⑤

*연습용 답안지

소방안전관리자 2급 답안지

소방안전관리자 2급 답안지

소방안전관리자 2급 답안지